Pastas, morteros, adhesivos y hormigones

Juan José Trujillo Cebrián

ic editorial

Pastas, morteros, adhesivos y hormigones

1ª Edición

Editado por: IC Editorial
c/ Cueva de Viera, 2, Local 3
Centro Negocios CADI
29200 Antequera (Málaga)
Teléfono: 952 70 60 04
Fax: 952 84 55 03
Correo electrónico: iceditorial@iceditorial.com
Internet: www.iceditorial.com

ISBN: 978-84-1184-970-8
Depósito Legal: MA-1153-2025

Impresión: PODiPrint
Impreso en Andalucía – España

Nota de la editorial: IC Editorial pertenece a Innovación y Cualificación S. L.

Presentación del manual

El **Certificado de Profesionalidad** es el instrumento de acreditación, en el ámbito de la Administración laboral, de las cualificaciones profesionales del Catálogo Nacional de Cualificaciones Profesionales adquiridas a través de procesos formativos o del proceso de reconocimiento de la experiencia laboral y de vías no formales de formación.

El elemento mínimo acreditable es la **Unidad de Competencia**. La suma de las acreditaciones de las unidades de competencia conforma la acreditación de la competencia general.

Una **Unidad de Competencia** se define como una agrupación de tareas productivas específica que realiza el profesional. Las diferentes unidades de competencia de un certificado de profesionalidad conforman la **Competencia General**, definiendo el conjunto de conocimientos y capacidades que permiten el ejercicio de una actividad profesional determinada.

Cada **Unidad de Competencia** lleva asociado un **Módulo Formativo**, donde se describe la formación necesaria para adquirir esa **Unidad de Competencia**, pudiendo dividirse en **Unidades Formativas**.

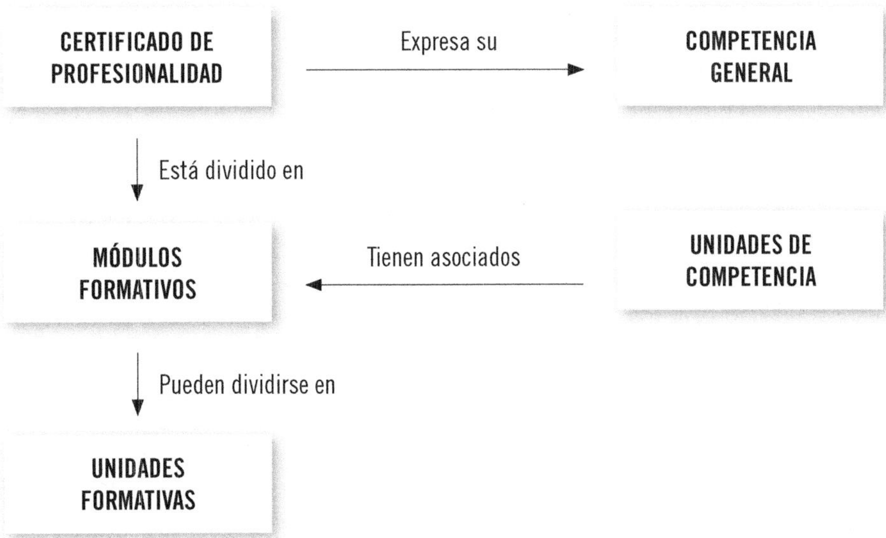

El presente manual pertenece al Módulo Formativo **MF0869_1: Pastas, morteros, adhesivos y hormigones,**

asociado a la unidad de competencia **UC0869_1: Elaborar pastas, morteros, adhesivos y hormigones,**

del Certificado de Profesionalidad **Fábricas de albañilería**

FICHA DE CERTIFICADO DE PROFESIONALIDAD

(EOCB0108) FÁBRICAS DE ALBAÑILERÍA (R. D. 1212/2009, de 17 de julio, modificado por el R. D. 615/2013 de 2 de agosto)

COMPETENCIA GENERAL: Organizar y realizar obras de fábrica de albañilería de ladrillo, bloque y piedra (muros resistentes, cerramientos y particiones), siguiendo las directrices especificadas en documentación técnica y las prescripciones establecidas en materia de seguridad y calidad.

Cualificación profesional de referencia	Unidades de competencia		Ocupaciones o puestos de trabajo relacionados:
EOC052_2 FÁBRICAS DE ALBAÑILERÍA (R. D. 295/2004 de 20 de febrero y modificaciones de R. D. 872/2007 de 2 de julio)	UC0869_1:	Elaborar pastas, morteros, adhesivos y hormigones	• 7121.1015 Albañiles • 7121.1026 Colocadores de ladrillo caravista • 7121.1026 Albañiles caravisteros • 7121.1048 Mamposteros • Colocador de bloque prefabricado • Albañil tabiquero • Albañil piedra construcción • Oficial de miras • Jefe de equipo de fábricas de albañilería
	UC0142_1:	Construir fábricas para revestir	
	UC0143_2:	Construir fábricas vistas	
	UC0141_2:	Organizar trabajos de albañilería	

Correspondencia con el Catálogo Modular de Formación Profesional

Módulos certificado	Unidades formativas	Horas
MF0869_1: Pastas, morteros, adhesivos y hormigones		30
MF0142_1: Obras de fábrica para revestir	UF0302: Proceso y preparación de equipos y medios en trabajos de albañilería	40
	UF0303: Ejecución de fábricas para revestir	80
MF0143_2: Obras de fábrica vista	UF0302: Proceso y preparación de equipos y medios en trabajos de albañilería	40
	UF0304: Ejecución de fábricas a cara vista	80
	UF0305: Ejecución de muros de mampostería	70
	UF0531: Prevención de riesgos laborales en construcción	50
MF0141_2:Trabajos de albañilería		60
MP0072: Módulo de prácticas profesionales no laborales de Fábricas de albañilería		80

Índice

Capítulo 1

Morteros, hormigones y pastas en albañilería y revestimiento

Contenido

1. Introducción

En construcción, se conoce por mortero a una masa formada por conglomerante, arena y agua, y que puede contener además algún aditivo. La mezcla origina una pasta fluida o plástica, que fragua y endurece por las transformaciones químicas que en la misma se dan lugar.

A la mezcla de un conglomerante con agua, sin la intervención de un árido, se le denomina pasta.

Los morteros o pastas pueden ser de cemento, de cal o de yeso, según el tipo de conglomerante utilizado en su fabricación.

Se denomina *mortero bastardo* cuando intervienen dos conglomerantes, como en el caso del mortero de cemento y cal. En ese caso, la mezcla obtenida reúne las cualidades de ambos, en mayor o menor medida según predomine en la dosificación un componente u otro.

A diferencia de los morteros, en el hormigón se utiliza siempre como conglomerante el cemento, y además en su dosificación interviene la grava, componente que no aparece en los morteros y pastas.

Esto hace que, frente a los morteros y pastas, el hormigón ofrezca unas elevadas cualidades para resistir la compresión. En cambio, no tiene unos buenos resultados frente a otras solicitaciones como la tracción, cortante, torsión o la flexión, y es por ello que habitualmente para solventar estas deficiencias se usa incorporando acero en su ejecución, denominándose en este caso hormigón armado.

Debido a su densidad, el hormigón cuenta con una buena capacidad de aislamiento acústico. Sin embargo, esta densidad hace que tenga una escasa capacidad de aislamiento térmico.

2. Morteros y pastas elaborados en el tajo

Los morteros y pastas forman parte del grupo de materiales más usados en casi cualquier tipo de obra, ya que intervienen en múltiples tareas y fases de la misma, aunque principalmente se utilizan en albañilería como material de agarre en unión de ladrillos o piedras que integran las obras de fábrica, así como para revestirlas con enfoscados, enlucidos o revocos.

Un conglomerante es un material capaz de unir fragmentos de una o varias sustancias y dar cohesión al conjunto por efecto de transformaciones químicas en su masa, originando nuevos compuestos. El conglomerante es utilizado como medio de ligazón en la formación del mortero o pasta.

Se considera el mortero o pasta elaborado en el tajo cuando la dosificación y mezcla de los componentes se ejecuta en la propia obra, a pie de tajo.

Se suele dar en obras pequeñas o para trabajos puntuales, ya que cuando la demanda de mortero es elevada, es más rentable y productivo el uso de hormigón predosificado.

Nota

Incluso para elevadas necesidades de material, la solución óptima es consumir mortero servido desde una central de fabricación.

Cuando se opta por el uso de morteros o pastas elaborados íntegramente en la propia obra, estos se realizan con hormigoneras pequeñas o medianas, con la consiguiente limitación en la cantidad producida. Los componentes han de ser acopiados en la propia obra, y dosificados y mezclados por los propios operarios. Otro tipo de elaboración es el amasado de los componentes de forma totalmente manual, pero en la actualidad prácticamente no se utiliza, salvo para pequeñas actuaciones, ya que no se garantiza convenientemente la calidad del producto final, y la mano de obra que se precisa es considerablemente superior a otros métodos de elaboración.

Un problema de la utilización de morteros elaborados a pie de tajo es la diferencia de características entre una amasada y otra, ya que, al realizarse la dosificación de forma manual, es difícil garantizar la exactitud de los porcentajes de participación de cada uno de los componentes.

Desventajas de utilizar morteros y pastas elaborados en el tajo manualmente:

- Normalmente se tiene un menor control en la recepción de componentes.
- Es frecuente una mayor desprotección en los acopios de los componentes, con la consiguiente merma de calidad en la masa final.
- Poco rigor en la exactitud de la dosificación.
- Uso de la mezcla rebasando el tiempo recomendable de utilización.
- Suciedad de los componentes.

Las hormigoneras pequeñas limitan la cantidad de mortero utilizada.

3. Morteros y pastas predosificados

A fin de evitar el riesgo de errores en la dosificación y, por consiguiente, alterar la calidad del trabajo, se pueden utilizar sacos de morteros o pastas predosificados, en los que la mezcla del árido y el conglomerante ya viene preparada desde fábrica. Únicamente tendremos que añadir el agua al contenido del saco para obtener una mezcla homogénea. Esta opción es muy útil a fin de facilitar el trabajo y rentabilizar el tiempo de elaboración, especialmente cuando no se cuenta con los equipos adecuados o no se tiene la suficiente experiencia en el manejo de las dosificaciones.

Nota

Las características del mortero bastardo dependen de los porcentajes utilizados de cada componente. Si predomina la cantidad de cemento utilizado sobre la cal se obtiene un conglomerado de mayor resistencia; si es al contrario, la masa será más dócil y trabajable.

Al ser un producto preparado industrialmente, se cuenta con la garantía de un mayor control de las materias primas, de los procesos de producción y de la calidad del resultado final.

En obras de mayor envergadura, en las que el consumo de mortero es elevado, es usual que el mortero predosificado no se acopie en sacos, sino que se instale un silo en el que se suministra el material a granel mediante camiones, y posteriormente se va extrayendo para la confección del mortero o pasta.

Ventajas de utilizar morteros predosificados:

- Se consiguen morteros más homogéneos.
- Se aumentan las garantías del cumplimiento de las especificaciones de proyecto.
- Se reducen las patologías.
- Se consiguen acabados estéticos más favorables.
- Se consigue el producto específico según las necesidades de cada caso.
- Calidad constante.
- Rapidez en su preparación.
- Se consigue un mayor rendimiento tanto de material como de los medios de producción.
- Ahorro de superficie de acopio.

En obras de mayor tamaño es también habitual el uso de mortero ya elaborado y mezclado, listo para su utilización. Este se suministra fresco en camiones hormigonera y se acopia en la obra en cubetas preparadas para su distribución a los tajos. El uso de este mortero implica que se use en su dosificación aditivos retardadores de fraguado a fin de contar con un tiempo más prolongado de utilización.

Nota

El mortero fresco se encuentra completamente mezclado y listo para su uso, sin haber iniciado su fraguado.

4. Hormigones: elaboración, componentes, clases, aplicaciones

Las características finales del hormigón pueden ser muy variadas en función de su elaboración y, especialmente, de los porcentajes de dosificación de cada uno de sus componentes. Estas características determinan la clase de hormigón resultante y, por tanto, su aplicación adecuada, en función de las exigencias requeridas a cada elemento constructivo concreto.

4.1. Elaboración y componentes

Obtenemos hormigón a raíz de la mezcla de un conglomerante, arena, grava y agua.

El conglomerante utilizado para la elaboración del hormigón es exclusivamente el cemento.

Una vez realizada la mezcla del hormigón, esta se transforma en una pasta que se puede moldear, se adapta a la forma del molde que la contiene, y fragua y endurece en poco tiempo, convirtiéndose en un material de gran solidez.

Gran parte de las características y definiciones de los componentes del hormigón, como son el cemento, los áridos, el agua y los aditivos, ya se han estudiado en el tema dedicado a los morteros, siendo válidas también para la elaboración del hormigón.

Hormigón

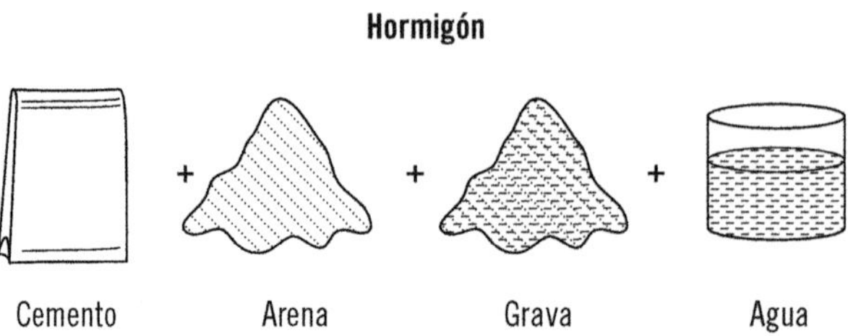

Como ya se ha explicado, **el cemento** es un conglomerante hidráulico obtenido tras la cocción de arcilla y piedra caliza mezcladas y finamente molidas, pudiendo llevar también aditivos artificiales para modificar sus propiedades.

Recuerde

El cemento puede ser de obtención natural o artificial:

- El natural se obtiene directamente de la cocción de rocas calizas arcillosas, en su estado natural.
- El artificial se obtiene de la cocción de mezclas controladas de rocas calizas y arcillosas.

El endurecimiento del cemento se produce principalmente por la hidratación de los silicatos de calcio.

El **árido** que se utiliza en la confección del hormigón es una mezcla de arena y grava, escogida con una curva granulométrica determinada según el tipo de hormigón que se está fabricando.

Sabía que...

La curva granulométrica expresa la proporción de la composición del árido, distribuida por tamaños. Se determina haciendo pasar una muestra del árido por una serie de tamices de distinto paso, expresando el porcentaje de cada tamaño que interviene en el conjunto de la muestra.

Se dice que un árido posee una curva de granulometría continua si contiene todos los tamaños de grano en una proporción lineal. Contrariamente la granulometría es discontinua cuando uno o varios tamaños intermedios de grano no aparecen en la composición del árido

Muestras de distintos tipos de grava

Utilizando un árido con una curva granulométrica continua en la elaboración de hormigón, se mejora la docilidad, obteniendo una mezcla de mayor homogeneidad, ya que los granos más pequeños ocupan los huecos que dejan los granos de mayor diámetro, rellenando las hoquedades con un acoplamiento mejor entre ellos. También, al quedar menos huecos, implica un ahorro de la cantidad de cemento al envolver al árido con más facilidad, mejorando el efecto de cohesión entre los materiales integrantes del hormigón.

La mezcla natural o artificial de arena y grava, con granos de diversos tamaños, con diámetro comprendido entre 0,08 y 40 mm, se denomina zahorra.

La zahorra se utiliza habitualmente para rellenos y formación de firmes de viales, pero por su granulometría no es adecuado su uso para la fabricación de hormigón.

Recuerde

Se denomina arena al árido cuyo tamaño de grano no supera los 5 mm.

Grava es el árido cuyo diámetro de grano es mayor de 5 mm.

Con el uso de los **aditivos** se modifican las propiedades básicas del hormigón y se pueden conseguir características que se adapten a condiciones singulares de cada obra. Se añaden cuando se está realizando el mezclado del hormigón.

Dotan al hormigón de determinadas características que no se logran con una dosificación simple de los componentes básicos del mismo. Para usos habituales, la cantidad de aditivo utilizado no supera el 5 % de la masa total de cemento.

Se permite el uso de aditivos en la fabricación de hormigón siempre que se reciba perfectamente etiquetado según UNE 934-6:2019 y que cuente con certificado de garantía.

Para la confección de hormigón armado no se pueden utilizar aditivos que entre sus componentes tengan cloruros, sulfuros, sulfitos o cualquier otro que permita originar corrosión de armaduras.

Existen numerosos tipos de aditivos que se usan en la confección de hormigones para la modificación o mejora de alguna o varias de sus propiedades. Entre ellos cabe citar los tipos más importantes:

Tipo de aditivo	Características
Pigmento	Modifica el color del hormigón
Anticongelante	Posibilita el correcto fraguado del hormigón en condiciones de baja temperatura
Hidrofugante e impermeabilizante	Impermeabiliza y reduce la absorción de agua por parte del hormigón
Plastificante	Mejora la docilidad del hormigón fresco sin modificar la relación agua/cemento
Retardador de fraguado	Mantiene constante más tiempo la hidratación del hormigón retardando su fraguado
Acelerantes de endurecimiento	Acelera el proceso de fraguado y aumenta la resistencia en menos tiempo
Aireantes	Se incorporan pequeñas burbujas de aire en el hormigón. Es útil en hormigones que soportan ciclos continuados de hielo-deshielo. El aire agregado absorbe las dilataciones y evita fisuras. También colabora en aumentar el aislamiento termoacústico. Es importante tener en cuenta que provoca una sensible merma en la resistencia
Inhibidores de corrosión	Reducen el efecto de corrosión de las armaduras de acero
Aditivos curadores	Durante el fraguado, frenan la evaporación del agua utilizada en el amasado, minimizando la aparición de fisuras

Aplicación práctica

Una empresa tiene que realizar hormigonados de elementos estructurales en varias obras que está ejecutando en distintas ubicaciones. A la vista de las condiciones de cada una de las obras, indique al menos una clase de aditivo que pudiera ser recomendable en cada caso para mejorar las condiciones de hormigonado.

Las obras en las que tenemos que verter hormigón son:

1. **Hormigonado de elementos estructurales en una vivienda rural situada en un paraje al que se accede por una carretera de montaña, alejado 35 km de la planta de hormigonado más cercana.**
2. **Se hormigonan elementos estructurales vistos para la ampliación de una lonja de pescado en un puerto pesquero.**

Continúa en página siguiente >>

<< Viene de página anterior

3. En un edificio de viviendas se van a hormigonar los muros enterrados del aljibe comunitario para almacenamiento de agua.
4. En una estructura singular se hormigonan una serie de elementos muy armados y con secciones de reducidas dimensiones. En su interior existe una elevada densidad de barras de acero.

SOLUCIÓN

1. Es previsible que los camiones de transporte inviertan un tiempo superior al habitual desde la planta de hormigonado hasta el lugar de vertido, por lo que parece razonable solicitar que al hormigón se le añada algún aditivo retardador de fraguado.
2. Por su ubicación, esta estructura se verá sometida a fuertes agresiones por ambiente marino, por lo que es aconsejable utilizar en el hormigón un tipo de aditivo inhibidor de corrosión.
3. Al ser muros que constantemente van a estar en contacto con el agua del aljibe, es recomendable utilizar en su hormigón un aditivo hidrofugante e impermeabilizante para conseguir la máxima estanqueidad. También, por la misma razón, se podría incluir en este hormigón un aditivo inhibidor de la corrosión de las armaduras.
4. Al solicitar un hormigón para elementos muy armados y con encofrados estrechos es conveniente el uso de un aditivo plastificante del hormigón, ya que necesitamos una buena docilidad para que el hormigón se adapte fácilmente a la forma del encofrado y a los huecos entre armaduras, eliminando coqueras y huecos internos que reducirían la resistencia del hormigón.

4.2. Hormigón fresco y hormigón endurecido

En el proceso de elaboración y puesta en obra del hormigón, se distinguen dos estados.

- **Hormigón fresco.** Antes del proceso de fraguado. Tiene las características adecuadas para transportarlo y colocarlo en los encofrados.
- **Hormigón endurecido.** Cuando finaliza el proceso de fraguado y el hormigón pasa a estado pétreo.

El hormigón fresco ha de ser de masa uniforme y trabajable. Las características que intervienen en la trabajabilidad de un hormigón son principalmente:

- **Consistencia:** que es la propiedad por la cual el hormigón fresco se resiste a la deformación. Se pueden observar cinco tipos de consistencias en el hormigón fresco: líquida, fluida, blanda, plástica y seca.
- **Cohesión:** que se define como la resistencia que ofrece el hormigón a segregarse, impidiendo la separación de sus componentes.
- **Docilidad:** es la característica por la cual se adapta a un molde. Para contar con una buena docilidad es necesario conseguir unas condiciones de cohesión y consistencia apropiadas a cada caso.

Importante

Las características que intervienen en la trabajabilidad de un hormigón son:

- Consistencia.
- Cohesión.
- Docilidad.

Si en la dosificación del hormigón se utilizan áridos con aristas angulosas, como son los áridos obtenidos por machaqueo, esto nos proporciona un hormigón con escasa docilidad. Por lo tanto, el grado de docilidad del hormigón depende de la elección del árido, de la cantidad de agua de amasado o del uso de aditivos.

En cambio, al usar un árido de machaqueo mejoramos sustancialmente la resistencia mecánica del hormigón, ya que los granos de árido artificial se acoplan mejor entre ellos, incluso con un menor consumo de conglomerante.

El hormigón endurecido debe contar con unas buenas características de resistencia y durabilidad.

La resistencia es la capacidad del hormigón de no romperse ante los esfuerzos a que se someta según su utilización.

La durabilidad es la fortaleza del hormigón, durante su vida útil, frente a las condiciones físicas y químicas a las que está expuesto, y frente a los ambientes agresivos.

La resistencia puede ser a compresión y a tracción, si bien la principal resistencia del hormigón es a compresión, siendo mucho menor la resistencia a tracción.

Recuerde

La carencia de resistencia a tracción del hormigón se suple ejecutando hormigón armado, reforzándolo internamente con armaduras de acero.

La mayor o menor resistencia del hormigón viene determinada principalmente por la *dosificación* y el *tipo de cemento* utilizado, si bien también influyen otros condicionantes, siendo destacables los siguientes:

- El sistema de compactación utilizado en su puesta en obra.
- La granulometría del árido. Se consigue mayor resistencia con áridos de mayor grosor.
- El medio en el que se conserva el hormigón.
- La edad del hormigón, o tiempo que transcurre desde que se acaba el amasado, ya que la resistencia se incrementa con el tiempo.
- La composición química del cemento usado.

Para calcular la resistencia efectiva del hormigón, se toma la que tiene a los 28 días, en la cual se considera que ha alcanzado prácticamente la totalidad de la resistencia máxima que alcanzará a lo largo de su vida.

Factores que influyen en la **resistencia** del hormigón según los materiales empleados:

- La calidad del cemento empleado. A mejor calidad mayor resistencia.
- La cantidad de agua. Al incrementar la cantidad de agua se reduce la resistencia del hormigón.
- La cantidad de cemento. Reduciendo la relación agua-cemento se aumenta la resistencia, si bien pueden aparecer retracciones por el calor desprendido en el fraguado.
- Al utilizar un árido de mayor tamaño o árido de machaqueo es necesario menos cemento para alcanzar una resistencia dada.
- Un amasado incompleto reduce la resistencia, ya que puede ocasionar segregaciones de los componentes.
- La resistencia también se ve disminuida si no se realiza un correcto curado.
- Un correcto vibrado durante la puesta en obra mejora sustancialmente la resistencia, ya que elimina coqueras y huecos interiores, otorgando mayor cohesión final a la masa de hormigón.

Definición

Retracción
Disminución del volumen del hormigón que se produce en el fraguado por la pérdida de agua debida a la evaporación.

La durabilidad puede mejorarse controlando una serie de factores del hormigón:

- Mejorar la permeabilidad bloqueando la entrada de elementos que ataquen el hormigón. La permeabilidad se aumenta disminuyendo la relación agua-cemento.
- Evitar la corrosión del acero en caso de hormigón armado. Es necesario respetar los recubrimientos mínimos.
- Correcta hidratación del cemento.
- Adecuada puesta en obra, con especial cuidado en la compactación y un correcto curado.

- Reducir la porosidad, evitando el exceso de agua de amasado y mejorando la granulometría de los áridos. Un hormigón compacto absorbe menos gases y líquidos, siendo por tanto más estable.

Recuerde

Un hormigón poroso tiene menos resistencia y es más vulnerable al deterioro producido por las heladas.

Relación agua/cemento

Es la proporción entre la cantidad de agua y de cemento utilizadas en la dosificación. Es uno de los parámetros más importantes a la hora de confeccionar un hormigón. La relación agua/cemento influye directamente sobre varias propiedades del hormigón:

- Disminución de la retracción.
- Resistencia a la compresión.
- Resistencia al desgaste.
- Protección de las armaduras.

Con una relación agua/cemento baja se consiguen mejores resistencias del hormigón; en cambio, con relaciones más altas se consigue una mayor trabajabilidad y puesta en obra.

Es por tanto fundamental no añadir excesiva agua en la elaboración de un hormigón, ya que para mantener la misma resistencia necesitamos incrementar la cantidad de cemento, lo que supone un mayor coste para conseguir las mismas prestaciones.

4.3. Clases y aplicaciones del hormigón

En función del uso y características finales que se le dé a un hormigón, existen dos divisiones generales claramente diferenciadas, como son: **hormigón en masa y hormigón armado.** El hormigón armado es aquel en cuyo seno se introducen barras o perfiles de acero a fin de contrarrestar las carencias estructurales del hormigón en solicitaciones a tracción, cortante, etc. En las piezas realizadas con hormigón en masa no se coloca ningún tipo de armadura en su interior.

Recuerde

La relación agua/cemento refleja la relación numérica existente entre el peso del agua utilizada en la composición de la mezcla y el peso del cemento utilizado.

Independientemente de la división general indicada anteriormente, dependiendo de la dosificación de sus componentes y de la adición de aditivos, se puede realizar una clasificación más extensa de los tipos de hormigón que podemos encontrar, con sus características fundamentales y aplicaciones habituales:

Clases de hormigón	Características generales	Aplicaciones
Hormigón árido o pobre	La proporción de árido respecto a la de cemento es muy superior a la de una dosificación normal. Se obtiene un hormigón de escasa resistencia.	Se usa habitualmente en rellenos que no están sometidos a fuertes solicitaciones.
Hormigón ordinario	Hormigón realizado con un árido de granulometría continua.	Usado para elementos que no estén sometidos a esfuerzos de tracción.
Hormigón en masa	Hormigón sin armadura de ningún tipo.	Apropiado cuando solo se necesita para soportar solicitaciones a compresión.

Continúa en página siguiente >>

<< Viene de página anterior

Clases de hormigón	Características generales	Aplicaciones
Hormigón armado	Es el hormigón en el que se colocan armaduras de acero en su masa para dotarlo de resistencia a tracción y cortante principalmente.	Para todo tipo de estructuras sometidas a solicitaciones normales.
Hormigón pretensado	En su interior se colocan varillas de acero que son sometidas a tracción antes del fraguado, mejorando sus características mecánicas.	Para ejecución de piezas estructurales sometidas a solicitaciones especiales o para elementos prefabricados.
Hormigón postensado	Igual al hormigón pretensado, pero en este caso el acero se somete a tracción durante el proceso de endurecimiento.	Utilizado para casos similares al hormigón pretensado.
Hormigón ciclópeo	Hormigón ordinario mezclado con piedras de gran tamaño.	Muy útil para rellenos en cimentación para alcanzar el nivel de firme cuando se encuentra a profundidades medias.
Hormigón percolado	Se coloca en seco el árido de mayor diámetro y posteriormente se coloca el hormigón mediante vertido o inyectado.	Se usa en pavimentos de vías públicas principalmente.
Hormigón ligero	En la dosificación se incluyen áridos ligeros, partículas de poliestireno o aditivos que reducen sustancialmente su peso específico.	Se consigue un hormigón de poco peso y se mejoran las propiedades termoacústicas.
Hormigón celular	En su masa se incluyen burbujas de gas inerte que reducen su peso específico.	Adecuado para usos donde se precise aportar el menor peso posible. Recomendado en formación de pendiente de terrazas.
Hormigón reforzado con fibras	En su masa se distribuyen fibras cortas y de reducida sección.	Según el tipo de fibra utilizada, aporta mejoras en características como resistencia mecánica, control de la fisuración, resistencia al fuego...

? Sabía que...

Los áridos ligeros más utilizados suelen ser de origen volcánico o piedra pómez.

5. Componentes: conglomerantes, aditivos, arenas y agua

A la hora de fabricar un determinado mortero o pasta, sus componentes y la cantidad utilizada de cada uno en la mezcla determinan las características finales del producto, influyendo directamente sobre su densidad final, adherencia, resistencia mecánica, aislamiento térmico, comportamiento ante el fuego, etc. Por tanto, la elección de los componentes y su dosificación vendrá determinada por las características finales demandadas al producto.

5.1. Conglomerantes

Los conglomerantes tienen la facultad de ligar distintos materiales hasta conseguir otros nuevos. Tienen la propiedad de hidratarse con el agua, y con ello conseguir sus cualidades de mezcla.

Se pueden dividir en dos grandes grupos:

- **Aéreos:** fraguan y endurecen únicamente en medio seco. Principalmente yeso y cal aérea.
- **Hidráulicos:** son los que además tienen la capacidad de fraguar y endurecer también en entorno húmedo. Forman parte de este grupo principalmente la cal hidráulica y el cemento.

Yeso

El yeso, de la forma que se emplea en construcción, se obtiene de la piedra de yeso, cocida a temperatura de 110-120 °C, y posteriormente molida.

Obtenemos un conglomerante que, amasado con agua, forma una pasta que al endurecer forma de nuevo una piedra de yeso de dureza media.

El fraguado y endurecimiento lo realiza con gran rapidez, aunque ofrece la desventaja de que no tiene resistencia ante los agentes atmosféricos.

Cales

La piedra caliza, una vez calcinada en horno, se convierte en óxido de calcio o cal.

La cal puede ser aérea o hidráulica.

Su tipo depende de la cantidad de arcilla que contenga en su elaboración.

Así tenemos:

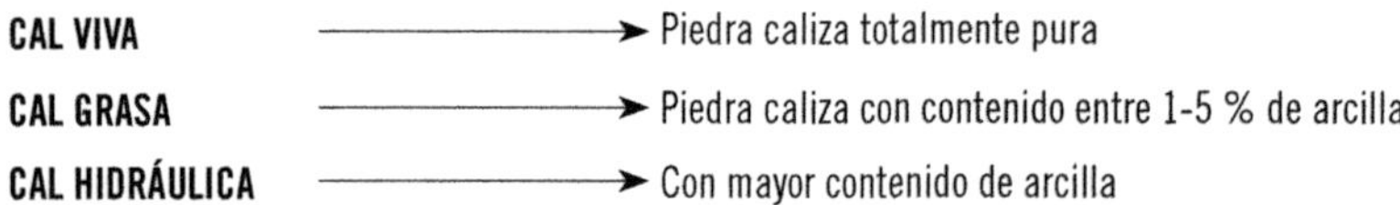

La cal aérea puede ser viva o grasa dependiendo de su pureza. La cal hidráulica puede contener hasta un 25 % aproximadamente de proporción de arcillas. A partir de ese porcentaje se transforma en cemento de lento fraguado.

La cal hidráulica puede fraguar también bajo el agua. Tienen unas deficientes resistencias mecánicas.

Definición

Piedra caliza
Es una roca de origen sedimentario, en cuya composición interviene de forma mayoritaria el carbonato de calcio, aunque también es posible que participen en menor medida otros minerales como la arcilla.

Cemento

Es el conglomerante que más se usa en albañilería y revestimientos. El cemento se obtiene por la calcinación de mezclas de arcilla y piedra caliza finamente molidas, pudiendo llevar también aditivos artificiales.

Se trata de un conglomerante hidráulico, que parte de un material inorgánico finamente molido. Al ser amasado con agua y con árido en el caso de los morteros, da lugar a una masa homogénea que endurece debido a reacciones de hidratación. Una vez finalizado el fraguado, mantiene su resistencia y se conserva estable tanto en medio aéreo como sumergido en agua.

La hidratación de los silicatos de calcio es la causa principal del endurecimiento hidráulico del cemento, si bien también es posible que en este proceso participen otros componentes químicos.

Los cementos pueden ser **naturales** o **artificiales.**

Los naturales se obtienen directamente de la cocción de rocas calizas arcillosas, o margas, por lo que el porcentaje de cada uno de los componentes no es controlable. Esto hace que no se consiga un cemento de propiedades homogéneas y por tanto con bajas resistencias mecánicas, por lo que su uso no es adecuado para elementos estructurales.

En el caso de los cementos artificiales, estos se producen partiendo de mezclas de arcilla y calizas dosificadas adecuadamente, así como de la adición de otras sustancias que le aportan diferentes cualidades añadidas.

5.2. Aditivos

Los aditivos son componentes que se pueden añadir en pequeñas proporciones al mortero base, y sirven para modificar sus cualidades originales en función de la aplicación que se le pretenda dar al mismo.

Importante

En el envase debe venir especificado por el fabricante el porcentaje y la forma de uso para cada tipo de aditivo.

Su presentación puede ser en forma líquida, de pasta o en polvo, y la dosificación depende del tipo de aditivo y del efecto que se quiera obtener. En el envase debe venir especificado por el fabricante el porcentaje y la forma de uso para cada tipo de aditivo.

En función del efecto que se consigue, los tipos de aditivos pueden ser:

Aditivo	**Se utiliza para...**
Colorante	Darle color al mortero. Útil para acabados vistos.
Anticongelante	Mejorar el fraguado del mortero en condiciones de baja temperatura.
Resina	Plastificar e impermeabilizar el mortero.
Endurecedor de superficie	Conseguir una terminación antipolvo. También aumenta la adherencia sobre aceites y grasas.
Hidrófugo e impermeabilizante	Para revestimiento de muros enterrados, depósitos, piscinas, canales, canalizaciones, etc.
Plastificante	Ayudar a su colocación, aportando a la masa una consistencia más líquida sin necesidad de incrementar el aporte de agua.
Acelerador de fraguado	Reducir el tiempo de fraguado de la masa.
Retardador de fraguado	Dilatar el tiempo de fraguado de la masa.

Recuerde

La normalización del uso de aditivos para hormigones, morteros y pastas se regula en la UNE-EN 934-6:2019.

5.3. Áridos

Un árido es un conjunto de partículas pequeñas proveniente de la disgregación de las rocas, y que se utiliza principalmente para elaborar morteros y hormigones, además de otros usos fundamentalmente en construcción.

Al participar en la composición de un mortero, el árido disminuye la retracción de este, favorece la carbonatación aumentando la porosidad del conglomerante y facilitando que el anhídrido carbónico existente en el aire penetre en la masa, y estabiliza su volumen. Además, con la elección de un determinado árido para la formación de un mortero estaremos influyendo en su textura y color final.

Los áridos, por su origen, pueden ser:

- **De mina:** de aspecto áspero, aristas vivas y superficies rugosas, normalmente conteniendo impurezas de otros minerales y materia orgánica.
- **De río:** granos de formas redondeadas y aristas romas, habitualmente limpios y libres de impurezas.
- **De costa o marinos:** similares a los de río pero muy finos. Contienen sales marinas.

Sabía que...

Los áridos de río son los que presentan un grano más limpio, sin impurezas y redondeado, por lo que suelen ser los más utilizados en la confección de morteros.

La clasificación de los áridos en función de su medida da como resultado dos grupos diferenciados:

Gravas o árido grueso:	Con granos de diámetro superior a 5 mm	Para elaboración de hormigón
Arenas o árido fino:	Con granos de diámetro inferior a 5 mm	Para elaboración de mortero

Recuerde

Los áridos, según su origen, pueden ser de tres tipos:

- De mina.
- De río.
- De costa o marinos.

Para la elaboración de morteros se utiliza arena en la composición de su mezcla. Es en el caso de elaboración de hormigón cuando se utiliza grava o árido grueso en su composición.

La arena, según su tamaño, se agrupan en:

Gruesa	entre 2 y 5 mm
Media	entre 1 y 2 mm
Fina	entre 0,08 y 1mm
Limo	menos de 0,08 mm

Según la forma de su obtención, los áridos se pueden clasificar en:

- **Áridos naturales:** formados por la disgregación natural de las rocas por la actuación de distintos procesos naturales.
  Debido a que los granos de los áridos naturales por efecto de la erosión durante su formación son de superficie más lisa y redondeada, se adaptan mejor a los espacios, por lo que con este tipo de áridos se pueden conseguir morteros muy trabajables y con una buena colocación en obra. En cambio, se consigue un mortero de menor resistencia, ya que la adherencia entre el conglomerante y los granos es mejor cuando estos presentan formas irregulares y angulosas.
  Los áridos más aconsejables para la elaboración de morteros en los que no necesitemos altas resistencias son los de río, ya que normalmente no presentan tierra pegada. Si tuviesen tierra será necesario lavar el árido, ya que el conglomerante no se adhiere bien con esta.
- **Áridos artificiales:** formados a partir de la trituración o machaqueo de piedras naturales, bien sea de restos rocosos o de gravas más gruesas.
  Es aconsejable su uso cuando se necesita un compuesto más resistente a la compresión, ya que al tener sus aristas angulosas, implica que entre sus granos exista más rozamiento entre ellos, consiguiendo un mortero más sólido.
  Los áridos de machaqueo son aconsejables para la realización de pavimentos o revestimientos expuestos a un acusado desgaste, ya que por la forma angulosa de sus granos cuentan con mayor adherencia interna.

Recuerde

Los áridos, en función de su medida, se clasifican en:

- Gravas o árido grueso (diámetro del grano superior a 5 mm): para la elaboración de hormigón.
- Arenas o árido fino (diámetro del grano inferior a 5 mm): para la elaboración de mortero.

Otra división de los áridos se puede establecer según su naturaleza química:

Árido	Procedencia	Características
Calizo	Por descomposición de rocas calizas	Genera áridos poco perdurables y blandos
Silíceo	Por disgregación del cuarzo	Es el más usado, por su estabilidad química y resistencia
Arcilloso	Árido silíceo que también contiene arcillas	No ofrece rendimientos satisfactorios en confección de morteros
Silicatado	Por fragmentación de feldespatos	Baja estabilidad. Uso no recomendado para morteros
Margosos	Áridos calizos impregnados de arcilla	Características similares a los áridos arcillosos
Puzolánicos	Por fragmentación de rocas volcánicas	Con alto contenido en alúmina, apreciados para la elaboración de conglomerados hidráulicos

5.4. Agua

El agua es el componente que permite que el resto de elementos se puedan conglomerar y formar el mortero o pasta. La mayoría de las aguas potables son apropiadas para la fabricación de los distintos tipos de conglomerados. Son válidas tanto para el proceso de amasado como para el posterior curado.

El agua de amasado ha de estar limpia de impurezas y productos nocivos para los conglomerantes.

No deben utilizarse aguas que puedan contener yeso, por la posibilidad de producir problemas de corrosión. También es necesario evitar aguas sulfatadas, porque deterioran el conglomerante si no se usan cementos específicos.

Importante

El agua de amasado ha de estar limpia de impurezas y productos nocivos para los conglomerantes.

Tampoco son aconsejables para su uso:

- El agua de mar, especialmente si el conglomerado ha de ir armado.
- El agua de lluvia, por ser excesivamente ácida.
- Las aguas estancadas, en las que habitualmente aparecen materias orgánicas que resultan perjudiciales.

6. Dosificación, consistencia, plasticidad y resistencia. Aplicaciones

Como ya se ha indicado, cuando en la formación de la mezcla utilizamos un conglomerante, arena y agua obtenemos un mortero.

Mortero

Cuando no interviene el árido, y los únicos materiales que usamos en la mezcla son el conglomerante y el agua, obtenemos una pasta.

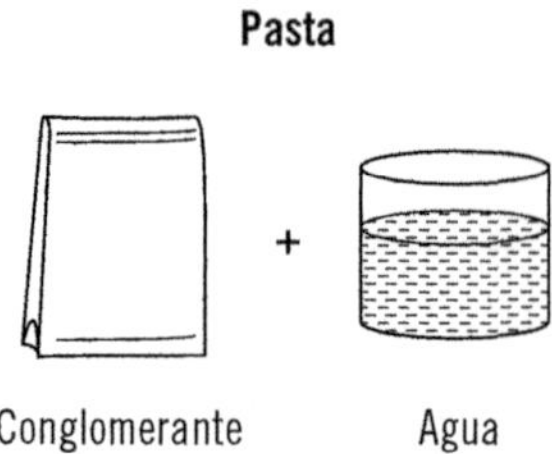

Recuerde

Cuando mezclamos conglomerante, arena y agua obtenemos mortero.

Si solo mezclamos conglomerante y agua, el resultado que tenemos es una pasta.

Hablamos de mortero bastardo cuando utilizamos el árido, el agua y, como conglomerante, una mezcla de cemento y cal en proporción variable según necesitemos que prevalezcan las propiedades de uno u otra.

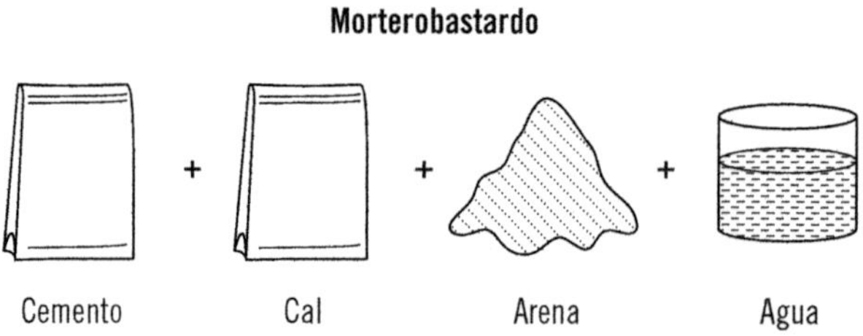

A todas estas mezclas, tanto a pastas como a morteros en todas sus variedades, se les puede añadir también aditivos a fin de mejorar, potenciar o reducir algunas de sus características. La preparación de los componentes, la elección de sus características y la cantidad en la que intervienen en la masa final es a lo que se denomina dosificación.

6.1. Dosificación

Para elaborar un mortero, pasta u hormigón es necesario dosificar sus componentes, o lo que es lo mismo, determinar el volumen o el peso de cada uno de los componentes de la mezcla.

A la hora de establecer la dosificación apropiada para un mortero o una pasta, tendremos en cuenta el uso que le vamos a dar, y las características de textura, color, resistencia y facilidad de puesta en obra que necesitemos. Es con estas premisas con lo que podemos decidir el tipo de cemento a utilizar, tipo de arena, y las cantidades que se aportarán de cada uno de los componentes, así como el uso de aditivos.

A la hora de elegir el árido a utilizar en una dosificación determinada, deberemos tener en cuenta que:

- Los áridos de contornos angulosos ayudan a la adherencia de los granos con la pasta de cemento, haciéndola más consistente y resistente, aunque con árido de canto redondeado conseguimos masas más trabajables y con una mejor puesta en obra.
- Es recomendable que la forma del árido favorezca la adaptación entre los granos, necesitando así un menor consumo de cemento para lograr la cohesión de los mismos.
- El árido no ha de estar excesivamente húmedo, ya que puede afectar a la dosificación del conglomerado.
- El árido no ha de contener impurezas, materias orgánicas, arcilla o limos.
- El uso de arenas finas en una dosificación necesita de un consumo alto de cemento, pudiendo causar incremento de retracción.

- Ante el uso de arenas de costa, es necesario lavarlas previamente para eliminar las impurezas, sobre todo las sales que contienen, que pueden provocar eflorescencias y alterar los tiempos de fraguado.
- No deben utilizarse áridos en los que sus granos tengan principalmente forma de lajas o alargados, debido a que no se acoplan correctamente y dejan muchos huecos, reduciendo la resistencia del mortero y aumentando su permeabilidad.

Cuando en la dosificación de un mortero se utiliza una cantidad reducida de conglomerante, se denomina **mortero árido;** en cambio, cuando cuenta con una alta dosificación de conglomerante, se conoce como **mortero graso.**

Los morteros excesivamente grasos tienen propensión al resquebrajamiento, debido a la retracción de los conglomerantes. En cambio, los morteros muy áridos tienen poca cohesión entre sus partículas, y se descomponen con facilidad, siendo también difíciles de manejar por su falta de ductilidad.

En el proyecto debe especificarse el tipo de mortero según las prestaciones que se necesiten. Puede indicarse de dos formas:

- **Morteros diseñados:** viene indicado el tipo de mortero por sus prestaciones, como la resistencia. En estos morteros, el fabricante elige la composición, y sistema de fabricación con objeto de conseguir las propiedades solicitadas para una determinada utilización.
- **Morteros prescritos o de receta:** designados por su dosificación y componentes. Se prescribe la relación cemento-arena o, en el caso de morteros mixtos, la proporción cemento-cal-arena. Se elaboran con una composición específica y sus características obedecen a los porcentajes en los que intervienen cada uno de los componentes utilizados.

6.2. Consistencia y plasticidad

La plasticidad depende de la consistencia, por tanto de la facilidad de darle forma, de trabajarlo y de su puesta en obra. La plasticidad también está directamente relacionada con la cantidad de agua utilizada en el amasado y el contenido de finos.

Los morteros de cal tienen una mayor plasticidad que los morteros de cemento.

Nota

La utilización de árido con granos redondeados favorece que el mortero sea más trabajable.

6.3. Resistencia

La resistencia de un mortero o pasta es la facultad de resistir los esfuerzos a los que se somete sin descomponerse. Los morteros de cemento poseen una resistencia mucho mayor que la que tienen los morteros de cal.

Los morteros de cemento, en general, consiguen altas resistencias a la compresión y magníficas propiedades hidráulicas. Con dosificaciones que reducen la retracción se obtiene un mortero menos manejable que utilizando cal como conglomerante.

En el caso de los morteros diseñados, a utilizar para albañilería, el fabricante ha de manifestar la resistencia a compresión. La forma de designación de las clases de mortero diseñado es la que figura en la tabla siguiente:

	Resistencia a compresión N/mm^2
M 1	1
M 2,5	2,5
M 5	5
M 10	10
M 15	15
M 20	20
Md	> 25 N/mm^2

Recuerde

Las especificaciones de los morteros para albañilería se regulan en la UNE-EN 998-2:2018.

Las características mínimas de resistencia del mortero, en función al uso que se le va a dar, son las siguientes:

Fábricas		
Tabiquería. Particiones	M 5	
Fábrica no resistente revestida. Cerramientos	M 5 M 7,5	
Fábrica vista. Cerramientos	M 5 M 7,5	Absorción de agua C<= 0,4 en juntas J1 C<= 0,2 en juntas J2
Fábrica resistente no armada	M 7,5	
Fábrica armada	M 7,5	Iones cloruro < 0,1 %
Fábrica de alta resistencia	M 10 o superior	

Solados	
Pieza a pieza	M 7,5 M 10
Extensión simple. Solados de baja intensidad de tráfico	M 2,5
Extensión simple. Solados de media y alta intensidad de tráfico	M 5
Extensión con adhesivos cementosos	M 7,5
Extensión con adhesivos no cementosos	M 7,5 M 10

Aplicación práctica

En una obra en la que se están ejecutando 30 viviendas, el mortero se encuentra acopiado en un silo de mortero predosificado en seco. En el momento en que se solicitó a fábrica una remesa para llenar el silo se estaban ejecutando las tabiquerías interiores de las viviendas. Se pidió el suministro de mortero diseñado M 5. A día de hoy se están finalizando los trabajos de tabiquerías y particiones, y se da comienzo a los trabajos de ejecución de solerías interiores, estando previsto que se realicen con baldosas de terrazo colocadas pieza a pieza.

¿Actúa correctamente el jefe de obra al permitir que los trabajos de solados se comiencen con el mismo mortero que se está utilizando para las tabiquerías?

SOLUCIÓN

No es correcta la utilización de mortero M 5 para la colocación de las baldosas de terrazo por el método de pieza a pieza. En ese caso el mortero que se debe prescribir es el tipo M 7,5 como mínimo.

En cambio, sí es correcta la utilización de mortero M 5 para la ejecución de tabiquerías y particiones interiores.

6.4. Aplicaciones

No existe un tipo de mortero genérico que pueda utilizarse con garantías para cualquier tipo de trabajo. En orden a las necesidades que tengamos en cada caso, debemos elegir qué características tenemos que valorar a la hora de seleccionar el tipo de mortero.

Para el caso de un mortero a utilizar como material de agarre en la formación de fábrica de ladrillo o bloque, la cualidad que más nos interesa es la resistencia a compresión, pues al formar parte de las juntas entre piezas resistentes, va a soportar cargas de aplastamiento. En cambio, si el mortero lo vamos a utilizar para un revestimiento, la propiedad que más va a primar a la hora de nuestra elección es la adherencia, ya que debemos garantizar una óptima unión entre el soporte y el revestimiento.

El uso de los morteros y pastas esta más encaminado a la albañilería común, bien sea como material de agarre en formación de fábricas, o como material de revestimiento.

El mortero es un material que se puede adaptar fácilmente a cualquier forma o superficie, por lo que resulta muy útil en la mayoría de obras de albañilería.

Para el caso de su uso como material de llagueado en la ejecución de fábricas de ladrillo o piedra, según el Código Técnico de la Edificación, se prescriben las resistencias mínimas del mortero en función del tipo de fábrica. Además limita la resistencia a compresión del mortero para evitar rotura frágil de muros, no debiendo ser superior al 0,75 de la resistencia de las piezas colocadas.

Recuerde

No existe un tipo de mortero genérico que pueda utilizarse con garantías para cualquier tipo de trabajo. Según las necesidades que tengamos en cada caso, debemos elegir un tipo de mortero u otro.

7. Normativa y ensayos

Los morteros, en función de su utilización final, se pueden dividir en cuatro grandes grupos, con su correspondiente normativa que los regula, según el siguiente cuadro resumen:

Tipo de mortero	Norma UNE que lo regula
Morteros para albañilería	UNE-EN 998-2
Morteros de revoco/ enlucido. Monocapas	UNE-EN 998-1
Adhesivos cementosos (morteros cola)	UNE-EN 12004-1
Morteros autonivelantes	UNE-EN 13813

Otras normas que regulan la ejecución y cualidades de los morteros son:

- UNE EN 1015-12:2016. Métodos de ensayo de los morteros para albañilería.
- UNE EN 1015-1:1999/A1:2007. Parte 1. Determinación de la distribución granulométrica (por tamizado).
- UNE EN 1015-2:1999/A1:2007. Parte 2. Toma de muestra total de morteros y preparación de los morteros para ensayo.
- UNE EN 1015-7:1999. Parte 7. Determinación del contenido en aire en el mortero fresco.
- UNE EN 1015-9:2000. Parte 9. Determinación del periodo de trabajabilidad y del tiempo abierto del mortero fresco.
- UNE EN 1015-10:2000. Parte 10. Determinación de la densidad aparente en seco del mortero endurecido.
- UNE EN 1015-11:2020. Parte 11. Determinación de la resistencia a flexión y a compresión del mortero endurecido.
- UNE EN 1015-17:2001. Parte 17. Determinación del contenido en cloruros solubles en agua de los morteros frescos.
- UNE EN 1015-18:2003. Parte 18. Determinación del coeficiente de absorción de agua por capilaridad del mortero endurecido.

La regulación de características exigibles y ensayo de los componentes de un mortero o pasta, como los conglomerantes, áridos, aditivos y agua, se regula en diferentes normas UNE, que se encuentra recogida en el Código Estructural aprobado en el Real Decreto 470/2021 de 29 de junio de 2021.

Sabía que...

Las normas de aplicación para los áridos para mortero son:

- UNE-EN 13055-1:2003
- UNE-EN 13139:2003

El marcado CE de los áridos a utilizar en construcción está regulado mediante un sistema de control de la calidad como el Sistema 2+, y sus condiciones se establecen en el Reglamento Europeo de Productos de Construcción n.º 305/2011.

El sistema 2+ recoge los parámetros para el control del árido:

- Establece el número de ensayos para cada tipo de producto.
- A fin de garantizar la adaptación a las Normas Armonizadas, establece el sistema de control de la producción.
- Establece la intervención de un Organismo Notificado de evaluación y vigilancia.
- Establece la declaración de conformidad del producto.

El cumplimiento de los parámetros anteriores posibilita que el fabricante pueda imprimir el Marcado CE en su producto.

Nota

Únicamente los áridos que cuenten con Marcado CE pueden comercializarse en la Unión Europea.

También se regulan características y condiciones de ejecución de morteros y pastas en el Código Técnico de la Edificación, especialmente en los capítulos de Seguridad Estructural, para el caso de formación de fábricas, y de Seguridad de Utilización, para el caso de su uso en revestimientos.

Según el CTE Parte I Capítulo 2, Artículo 7.2 Control de Recepción en obra de productos, equipos y sistemas, apdo. a) Control de la documentación de los suministros, en la recepción en obra del material deberá solicitarse:

- Para morteros hechos en obra:
  - Marcado CE de Cementos.
  - Marcado CE de Cales.
  - Marcado CE de Áridos.
  - Marcado CE de Aditivos.
- Para morteros industriales:
  - Marcado CE de Mortero.
  - Declaración de Conformidad.
  - Certificado de Garantía.

7.1. Ensayos al hormigón

A fin de determinar con suficiente garantía la resistencia que tiene un hormigón, y que se ajuste a las especificaciones de proyecto, se debe realizar un control del mismo.

Existen dos formas de efectuar los ensayos, según el estado en que se encuentre el hormigón en el momento de la toma de la muestra:

- **Hormigón fresco:** se realizan ensayos durante el periodo en que se encuentra en estado fresco para analizar las características del hormigón.
- **Hormigón endurecido:** los ensayos que se realizan una vez endurecido nos ofrecen datos de sus propiedades y su resistencia.

Según la naturaleza del ensayo, estos se pueden dividir en dos grupos:

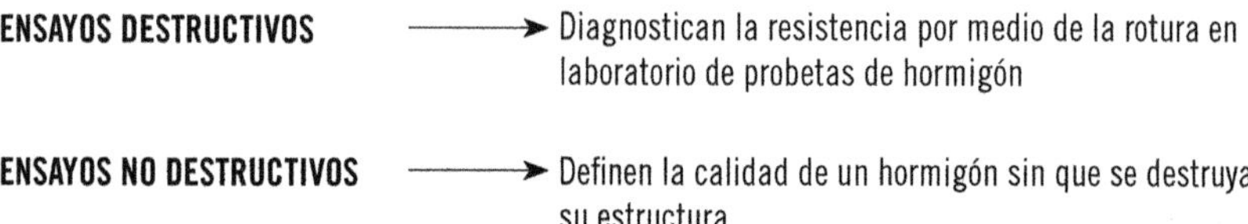

A continuación se desarrollan brevemente algunos de los ensayos más habituales del hormigón.

Ensayo para determinar la resistencia

Se realiza confeccionando probetas de hormigón cuando se encuentra en estado fresco, que posteriormente, una vez endurecido, se someten a esfuerzos en laboratorio hasta su rotura, obteniendo unos resultados estadísticos que nos determinan el valor de la resistencia real.

Es muy importante que el proceso de la toma de muestras se realice correctamente, pues los errores en la fabricación de las probetas ocasionan que los resultados obtenidos no sean representativos de las características del hormigón real.

Probetas de hormigón

Importante

Es fundamental que el proceso de la toma de muestras se realice correctamente, puesto que, de otro modo, los resultados obtenidos pueden no ser representativos de las características del hormigón real.

Ensayo para determinar la consistencia

El ensayo más habitual que se utiliza para determinar la consistencia de un hormigón es el método del **cono de Abrams.** Se basa en el llenado con hormigón fresco de un molde de forma troncocónica. Se extrae el molde y se comprueba la altura del hormigón.

Equipo para toma de muestras de ensayo

La disminución de altura que experimenta es la medida que nos ofrece el índice de consistencia.

Ensayo de esclerómetro. Ensayo no destructivo

Sirve para estimar la resistencia real de un hormigón ya endurecido en relación con la dureza que presenta en su superficie. Se realiza con un aparato de mano denominado esclerómetro, que mide la fuerza de rebote de una masa determinada al provocar su impacto en la superficie de la pieza de hormigón.

La forma de realizar este ensayo se regula en la norma UNE-EN 12504-2:2022.

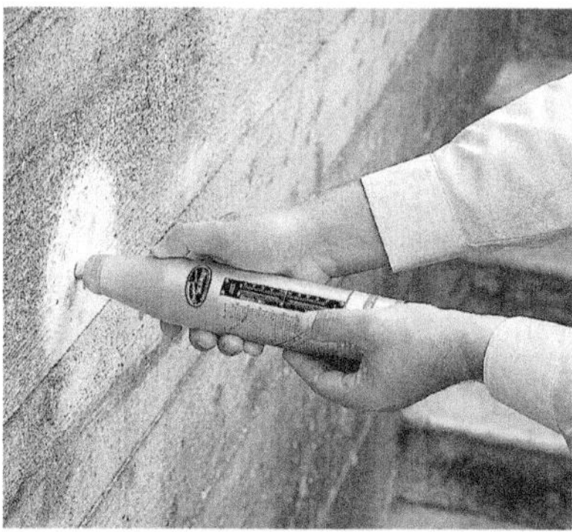

Realización de un ensayo con esclerómetro

Otros métodos de ensayos no destructivos del hormigón son: **supervisión mediante radar** y por **ultrasonidos.**

Como método de ensayos destructivos podemos citar también el de **extracción de testigos.** Consiste en la obtención de probetas testigo del hormigón ya endurecido para su análisis en laboratorio.

Recuerde

Los ensayos no destructivos definen la calidad de un hormigón sin que se destruya su estructura.

Continúa en página siguiente >>

<< Viene de página anterior

Los ensayos destructivos diagnostican la resistencia por medio de la rotura en laboratorio de probetas de hormigón.

---

8. Marcado CE de los materiales de construcción

Los componentes que intervienen en un hormigón, mortero o pasta, han de contar con los sellos de calidad que la normativa exige, especialmente el marcado CE.

La entrada en vigor en abril del 2002 del Marcado CE con carácter obligatorio para los "cementos comunes" supuso que a partir de esa fecha fuera exigible que cuente con dicho marcado cualquier cemento utilizado para la fabricación de morteros y hormigones para cualquier tipo de obra y para la elaboración de elementos prefabricados.

El Certificado CE, que emite el Organismo Certificador, posibilita que en los envases y en los albaranes se pueda estampar el marcado CE. En la página siguiente se muestra un ejemplo de etiquetado con el marcado CE, indicándose la información que ha de contener.

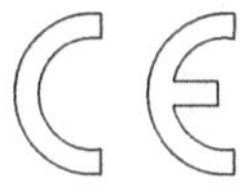	Marcado CE según Reglamento UE 305/2011.
00XX00XX	Número de identificación del organismo de certificación
Cementos Cementeros, S. A.	Nombre del fabricante.
C/ del Cemento, s/n	Dirección del fabricante.
Fábrica de Villarriba	Nombre de la fábrica de producción del cemento.
Año (o sello con la fecha)	Año de estampación del marcado.
01234-CPD-0666	N.º de Certificado CE.
EN 197-1	N.º de la Norma Europea.
CEM I 52,5R	Designación del cemento s/ EN 197-1
Información Adicional	Otros datos de aditivos, límite de cloruros, etc.

9. Marcas o sellos de calidad existentes en materiales de construcción

Otra forma de certificación de la fabricación de cemento, independientemente de la obligatoriedad del Marcado CE, es el Certificado de Conformidad con Requisitos Reglamentarios o CCRR. Se trata de un documento oficial, que el ministerio correspondiente emite a favor del fabricante, autorizando a la fabricación y comercialización de un determinado cemento en una fábrica concreta.

La conformidad y recepción de cementos en obra, se atenderá a lo especificado en el Real Decreto 256/2016, de 10 de junio, por el que se aprueba la Instrucción para la recepción de cementos (RC-16). Esta normativa, en su artículo I, Objeto y ámbito de aplicación, establece que:

> *Esta Instrucción tiene por objeto establecer las prescripciones técnicas generales que deben satisfacer los cementos, así como regular su recepción con el fin de que los productos de construcción en cuya composición se incluya cemento permitan que las obras de construcción en que se empleen satisfagan los requisitos esenciales exigibles.*

En cuanto al hormigón para estructuras, su utilización se normaliza en el **Código Estructural,** donde se regula entre otros aspectos, el proyecto, ejecución y control de las estructuras de hormigón.

Nota

El 29 de junio de 2021 se aprobó el Real Decreto 470/2021 por el que se aprueba el **Código Estructural,** reglamentación que regula las estructuras de hormigón, de acero y mixtas de hormigón-acero, tanto de edificación como de obra civil, y que **sustituye** a la anterior Instrucción de **Hormigón Estructural EHE-08** (aprobada por el Real Decreto 1247/2008, de 18 de julio) y la Instrucción de **Acero Estructural EAE** (aprobada por el Real Decreto 751/2011, de 27 de mayo). Este nuevo reglamento entró en vigor el 10 de noviembre de 2021.

En el Código Estructural se indica la forma de designar un hormigón. Se expresa mediante una nomenclatura estandarizada según el formato de siglas indicado a continuación:

Hormigón **T – R / C / TM / A**

Donde las siglas corresponden a:

T: Designación del tipo de hormigón prescrito:
HM hormigón en masa
HA hormigón armado
HP hormigón pretensado

R: resistencia característica expresada en N/mm^2.

C: tipo de consistencia:
S Seca
P Plástica
B Blanda
F Fluida
L Líquida

TM: tamaño máximo del árido en mm.

A: ambiente a que está expuesto el hormigón.

También se regula la fabricación y puesta en obra del hormigón en el Código Técnico de la Edificación, normativa de obligado cumplimiento.

10. Resumen

Los morteros son mezclas homogéneas de un conglomerante, árido y agua. Las pastas están formadas por la mezcla del conglomerante y el agua, sin intervención del árido. En ambos casos puede añadirse a la dosificación el uso de aditivos, a fin de alterar o mejorar alguna propiedad del mortero o la pasta. Los morteros y pastas ofrecen una serie de ventajas respecto a otros materiales de construcción, como pueden ser la adaptabilidad, la fácil aplicación o el diseño de las prestaciones.

Los conglomerantes usados para la formación de morteros y pastas son: yeso, cal y cemento. En la elaboración de morteros se usa principalmente cal hidráulica y cemento. Se pueden usar por separado, o conjuntamente, en cuyo caso se trata de mortero bastardo. Cuando el árido tiene un tamaño de grano inferior a 5 mm, se denomina arena. En el mortero, es habitual el uso de arena de río, por tener el grano más limpio de impurezas y ser liso y redondeado. El árido de machaqueo tiene el grano con aristas más vivas y angulosas.

Al utilizar árido de río se consigue un mortero más fácil de trabajar y consistencia dócil para su puesta en obra. En cambio, si necesitamos un mortero de mayor resistencia, es recomendable el uso de un árido de machaqueo.

El agua a utilizar para al amasado y el curado ha de estar limpia de impurezas. La mayoría de aguas potables están indicadas para la elaboración de morteros. Los morteros pueden definirse de dos formas. Unos son los morteros diseñados o de prestación, donde se indica el tipo de mortero por las prestaciones que se le exige. Viene designado con la letra M y a continuación se especifica la resistencia a compresión expresada en N/mm^2, y los otros los morteros prescritos o de receta, que se designan por su dosificación y la proporción en volumen de cada uno de sus componentes.

Se fabrica el hormigón mediante mezcla de cemento, arena, grava y agua. El cemento interviene como conglomerante.

Para la buena calidad del hormigón es importante que el árido esté limpio y tenga una curva granulométrica continua.

El hormigón, durante su fabricación se encuentra en dos tipos de estado: hormigón fresco y hormigón endurecido.

En base a la utilización que se le va a dar al hormigón, se divide en dos grupos generales diferenciados: hormigón en masa y hormigón armado.

Ejercicios de repaso y autoevaluación

1. Indique cuál de las siguientes afirmaciones es falsa:

a. Cuando la demanda de mortero es baja, es más rentable y productivo el uso de hormigón predosificado.

- ☐ Verdadero
- ☐ Falso

b. Una de las ventajas en el uso de los morteros predosificados es que se reducen las patologías.

- ☐ Verdadero
- ☐ Falso

c. Como el mortero predosificado es un producto preparado industrialmente, se cuenta con la garantía de un mayor control de las materias primas, de los procesos de producción y de la calidad del resultado final.

- ☐ Verdadero
- ☐ Falso

2. Relacione cada una de las siguientes características con el estado del hormigón que le corresponde:

a. Hormigón fresco
b. Hormigón endurecido

__ Durabilidad
__ Docilidad
__ Consistencia
__ Resistencia
__ Cohesión

3. Indique cuál de las siguientes cuestiones son verdaderas y cuáles falsas.

a. Con una relación Agua/Cemento baja se consiguen mejores resistencias del hormigón. En cambio, con relaciones más altas se consigue una mayor trabajabilidad y puesta en obra.

- ☐ Verdadero
- ☐ Falso

b. Para contar con una buena docilidad en el hormigón endurecido es necesario conseguir unas condiciones de cohesión y consistencia apropiadas a cada caso.

- ☐ Verdadero
- ☐ Falso

c. Cuando en la dosificación del hormigón se utilizan áridos obtenidos por machaqueo, se obtendrá un hormigón con escasa durabilidad.

- ☐ Verdadero
- ☐ Falso

d. La durabilidad del hormigón se mejora si se realiza una correcta hidratación del cemento.

- ☐ Verdadero
- ☐ Falso

4. ¿Qué tipo de hormigón es aquel en el que en su masa se incluyen burbujas de gas inerte que reducen su peso específico?

a. Ciclópeo
b. Celular
c. Percolado
d. Ligero

5. **Una empresa debe hormigonar la estructura de un centro de alto rendimiento para deportistas situado en las proximidades de una estación de esquí. Teniendo en cuenta esta circunstancia, ¿qué tipo de aditivo para el hormigón sería recomendable utilizar?**

6. **¿Para qué tipos de fábricas y solados es correcto utilizar el mortero M5?**

7. **A una obra llegan varios sacos de cementos con la siguiente etiqueta impresa. ¿Qué información puede obtener el encargado de obra de dicha etiqueta?**

CE

9999999999

Cementos C&C, S. A.
Urbanización Pila, nº14
Fábrica de Mos
24 (o sello con la fecha)
9800-PVT-1111
EN 197-1
CEM I 32,5R

Capítulo 2
Adhesivos y materiales de rejuntado

Contenido

1. Introducción

La puesta en obra de alicatados y solerías cerámicas por el sistema con mortero en capa gruesa está quedando paulatinamente en desuso, implantándose la colocación en capa fina, utilizando morteros y pastas adhesivas, elaborados industrialmente con dosificaciones fijas.

Se tratan en este capítulo esos materiales adhesivos y los materiales de rejuntado, que habitualmente se usan para la fijación de baldosas cerámicas a paramentos y suelos. Entre ellos podemos destacar los adhesivos cementosos, adhesivos de resinas en dispersión, y adhesivos y materiales de rejuntado de resinas de reacción.

Es habitual también denominar los adhesivos cementosos como cementos cola o morteros cola.

La normativa que nos ofrece la denominación, características y clasificación de los adhesivos es la norma UNE-EN 12004 del año 2017.

Esta norma los divide en:

- C: Adhesivo cementoso.
- D: Adhesivo de resinas en dispersión.
- R: Adhesivo de resinas reactivas.

2. Adhesivos cementosos

Los **adhesivos cementosos** o cementos cola se usan para la colocación en paredes o suelos de baldosas cerámicas. Su uso está indicado tanto en interiores como en exteriores. Se regulan según la norma europea UNE-EN 12004. Esta los define como mezcla de conglomerantes hidráulicos, cargas minerales y aditivos orgánicos, que solo tienen que mezclarse con agua o adición líquida justo antes de su uso.

La UNE-EN 12004 establece la codificación y regulación de los adhesivos para colocación de baldosas cerámicas según prestaciones obligatorias de adherencia en distintas condiciones de ensayo, como son: endurecimiento normal, inmersión en agua, ciclos de hielo/deshielo, envejecimiento con calor y choque térmico. También se recogen propiedades añadidas como: tiempo abierto ampliado, deslizamiento reducido, fraguado rápido, deformabilidad y resistencia química.

Los adhesivos cementosos contienen cemento portland, como conglomerante principal, además de arenas y aditivos que mejoran la adherencia, deformabilidad, etc.

Las características más importantes a tener en cuenta a la hora de elegir el adhesivo adecuado a nuestras necesidades son las que siguen:

- Adherencia, o capacidad de fijar una pieza al soporte. La adherencia se produce por medio de dos mecanismos conjuntos: adherencia mecánica, por penetración del adhesivo en los poros de los materiales a unir, y adherencia química, por contacto entre el adhesivo y la pieza. Con la adherencia debemos conseguir una sólida fijación del revestimiento al soporte, y que esa sujeción tenga una duración extensa.
- Capacidad humectante, o propiedad de la capa de adhesivo de humedecer la pieza.
- Deformación transversal, que es la deformación registrada en el centro de una capa de adhesivo endurecido cuando se le somete a carga en tres de sus puntos.
- Deslizamiento, que es el descenso que experimenta una baldosa colocada sobre una superficie vertical con una capa de adhesivo peinado.
- Tiempo abierto, el intervalo máximo tras aplicar el adhesivo, en el que las baldosas pueden ser colocadas sin menoscabo de la adherencia requerida.
- Tiempo de ajuste, el intervalo máximo de tiempo durante el que se puede ajustar una baldosa colocada con adhesivo sin que disminuya su adherencia.
- Tiempo de conservación, o periodo de tiempo durante el cual el adhesivo conserva sus propiedades en un almacenamiento en condiciones determinadas.

- Tiempo de maduración, o intervalo de tiempo entre el momento de la mezcla y el momento en que está apto para su uso.
- Vida útil, o tiempo máximo contado desde el momento de la mezcla, durante el cual el adhesivo se puede utilizar.

Según la norma UNE los adhesivos cementosos se clasifican según sus propiedades de adherencia y por sus propiedades adicionales:

- Según la adherencia pueden ser:

  - **C1:** adhesivo normal. Son adecuados para interiores, pavimentos exteriores y aplicaciones en inmersión en agua. Deben tener como aditivo resinas termoplásticas redispersables, aproximadamente hasta el 2 % de su composición, con lo que mejoran sus propiedades de adherencia y le dotan de deformabilidad muy limitada.
  - **C2:** adhesivo mejorado. Son adecuados para aplicaciones más exigentes de adherencia, deformabilidad, resistencia a la intemperie, etc. Contienen aditivos para incrementar estas prestaciones, con resinas termoplásticas en proporción por encima del 2 %. Presentan una trabajabilidad superior a los adhesivos normales, y un tiempo abierto más prolongado.

- Según las propiedades adicionales tenemos tres subgrupos:

  - **F:** adhesivo de fraguado rápido (mínima adherencia de 0,5 N/mm^2 antes de 24 h).
  - **T:** adhesivo con deslizamiento reducido (máximo 0,5 mm).
  - **E:** adhesivo con tiempo abierto extendido (mínimo 30 min).

Nota

La norma UNE-EN 12004 establece los requisitos mínimos de los adhesivos cementosos para alcanzar la codificación C1 o C2 por adherencia, independientemente de la cantidad de resina que interviene en su composición.

También existe una codificación adicional, que se establece en la norma UNE-EN 12004, en la que se diferencian los adhesivos cementosos según su deformación trasversal:

- **S1:** deformables, con una deformabilidad igual o superior a 2,5 mm e inferior a 5 mm.
- **S2:** muy deformables, con deformabilidad igual o mayor de 5 mm.

Recuerde

Los adhesivos cementosos o cementos cola se usan para la colocación en paredes o suelos de baldosas cerámicas. Su uso está indicado tanto en interiores como en exteriores.

3. Adhesivos de resinas en dispersión

Son productos que se presentan en forma de pasta lista para su uso y que son aptos para aplicaciones en revestimientos interiores.

No aparece el cemento en su composición, y su principal ligante es una resina en dispersión acuosa. Se obtiene una buena adherencia y deformabilidad, además de mayor facilidad de uso, ya que tienen menor manipulación. El consumo de material es escaso siempre que las superficies de colocación estén en correcto estado.

Al igual que los adhesivos cementosos, se encuentran regulados en la norma UNE-EN 12004, que dispone las clases D1 y D2.

En el caso de categoría D1, lo conforman los adhesivos que cumplen las características obligatorias y, en el segundo caso, categoría D2, debe el material presentar además buena conducta ante temperaturas elevadas y utilizándolo en inmersión en agua.

4. Componentes: aglomerantes, aditivos, arenas, agua y emulsiones

En la composición de los **adhesivos cementosos,** su principal elemento es el cemento blanco o gris, mezclado con diferentes materiales según las características finales. Pueden llevar componentes minerales silicios y calizos. Según el tipo comercializado se le añaden diversas clases de aditivos orgánicos, como pueden ser: polímeros redispersables, fibras, modificadores reológicos, etc.

En el caso de adhesivos cementosos, su presentación puede ser monocomponente, suministrados en sacos, o multicomponente, que se presentan en saco y bidón, preparados para ser mezclados y amasados.

En definitiva, los materiales que componen el adhesivo cementoso se basan en:

- El cemento que actúa como aglomerante, con una proporción del 30-40 %. Para conseguir la mínima rigidez del adhesivo, el cemento que los fabricantes utilizan habitualmente es de bajo nivel resistente.
- El árido compuesto por arenas silíceas o calizas, con una granulometría acorde con el máximo grueso de capa prescrito para cada tipo de adhesivo. El árido le proporciona el armazón al adhesivo una vez fraguado.
- Los retenedores de agua. Con ellos se reduce el efecto de absorción de agua desde la baldosa o desde el soporte del revestimiento. Mantienen durante el proceso de endurecimiento el nivel de humedad indispensable para que se produzca la hidratación del cemento. Además aportan mejor consistencia y trabajabilidad al adhesivo fresco. Dependiendo de su porcentaje en la dosificación, también pueden mejorar el tiempo de aplicación.
- Las resinas poliméricas. Con su presencia se consiguen los procesos químicos de adherencia. Dependiendo de la proporción en la que aparezcan en la dosificación final, influyen directamente sobre las propiedades del adhesivo fresco y también en las prestaciones del adhesivo una vez fraguado.
- El agua de amasado, cuya proporción vendrá definida en las instrucciones del fabricante. Su participación está entre el 30 y el 60 % en referencia al cemento.

Nota

En la composición es habitual una relación cemento/árido comprendida entre 1:2 y 1:3, variando según la clase de adhesivo.

Los **adhesivos de resinas en dispersión** se comercializan habitualmente en forma de pasta ya preparada para su uso.

Se componen de una mezcla de resinas en dispersión acuosa, que actúan como ligantes orgánicos, áridos, y aditivos según el uso previsto y las características demandadas para cada caso.

Los **adhesivos de resinas de reacción** vienen en forma de producto multicomponente, que se ha de mezclar para conseguir la pasta en condiciones para su utilización.

Su composición está formada por una resina de reacción, que puede ser resina epoxi o poliuretano, un endurecedor constituido por poliaminas o polisocianato, y áridos silíceos.

Nota

El proceso de endurecimiento de los componentes una vez mezclados se produce por reacción química.

Los que contienen resina epoxi presentan una magnífica adherencia sobre cualquier tipo de soporte, ofrecen altas resistencias mecánicas y una excelente deformabilidad. Son bastante resistentes ante la mayor parte de productos químicos y ante la presencia de agua.

5. Adhesivos y materiales de rejuntado de resinas de reacción

Son adhesivos que ofrecen elevadas prestaciones y, además, añaden características propias de estanqueidad, resistencia química, etc. Habitualmente se presentan en formato de varios componentes para mezclar entre sí y requieren manipulación cuidadosa. Al ser materiales muy específicos, para conseguir unos óptimos resultados es necesario que la mezcla se realice por personal cualificado respetando escrupulosamente los porcentajes de mezcla, su amasado y su colocación, que vendrán indicados en las instrucciones del fabricante.

Recuerde

Los adhesivos de resinas en dispersión son productos que se presentan en forma de pasta lista para su uso y que son aptos para aplicaciones en revestimientos interiores.

No aparece el cemento en su composición, y su principal ligante es una resina en dispersión acuosa.

La UNE 12004 divide en dos grupos los adhesivos de resinas de reacción:

- **R1:** para los que cumplen las características mínimas.
- **R2:** para los que superan el método de ensayo de resistencia al choque térmico y resistencia química según usos.

Los adhesivos de reacción de poliuretano se clasifican como adhesivos deformables.

5.1. Materiales de rejuntado

Son materiales de rejuntado los que se utilizan para rellenar las juntas entre las baldosas una vez colocadas. Estas juntas, aparte de las características estéticas que le confieren a un revestimiento cerámico, también ofrecen unas utilidades técnicas que ayudan a que este sea más resistente en su conjunto y alcance una mayor vida útil. Así contribuyen a:

- Compensar las pequeñas diferencias de dimensiones de las piezas colocadas, siempre que estas se encuentren dentro de parámetros tolerables según cada caso.
- Reducir el efecto por variaciones de planeidad en el conjunto del paramento.
- Absorber los esfuerzos a los que, por dilataciones o retracciones, se ve sometido el recubrimiento.
- En el caso de plaquetas o baldosas poco permeables, las juntas se convierten en la única posibilidad de salida del vapor de agua desde el interior, y cooperan a aumentar el nivel transpirable del revestimiento.

Además, también deben contribuir a las características del acabado, siendo resistentes a las manchas, evitando la proliferación de mohos, resistencia al desgaste, así como ser inalterables frente a agentes químicos y ambientales.

Recuerde

Los adhesivos y materiales de rejuntado de resinas de reacción ofrecen elevadas prestaciones y, además, añaden características propias de estanqueidad, resistencia química, etc. Habitualmente se presentan en formato de varios componentes para mezclar entre sí y requieren manipulación cuidadosa.

Los materiales de rejuntado pueden ser con base cementosa o a base de resinas reactivas. Las características exigibles a los materiales de rejuntado, así como su denominación y tipos de codificación se establecen según la norma UNE-EN 13888-1:2024.

<table>
<tr><th colspan="3">TIPO DE MATERIAL DE REJUNTADO</th></tr>
<tr><td>CG</td><td colspan="2">Material de rejuntado cementoso</td></tr>
<tr><td>RG</td><td colspan="2">Material de rejuntado de resinas reactivas</td></tr>
<tr><th colspan="3">SUBCATEGORÍAS</th></tr>
<tr><td colspan="3">Por clase</td></tr>
<tr><td>1</td><td>Normal</td><td rowspan="2">Para tipos CG</td></tr>
<tr><td>2</td><td>Mejorada</td></tr>
<tr><td colspan="3">Por características opcionales</td></tr>
<tr><td>W</td><td>Reducida absorción de agua</td><td rowspan="2">Para tipos CG</td></tr>
<tr><td>Ar</td><td>Elevada resistencia a la abrasión</td></tr>
<tr><td colspan="3">Por deformación</td></tr>
<tr><td>S1</td><td>Deformación media</td><td rowspan="2">Para tipos CG</td></tr>
<tr><td>S2</td><td>Deformación alta</td></tr>
</table>

6. Dosificación, consistencia y plasticidad

La dosificación de los diversos tipos de adhesivos varía en relación a los componentes que lo integran. La dosificación de los adhesivos difiere de la forma de realizarlo en los morteros, pastas y hormigones, en los cuales, partiendo de los materiales básicos, tenemos posibilidad de conseguir variedad de prestaciones modificando la dosificación de los mismos. En el caso de adhesivos, la dosificación se realiza siempre en el proceso de fabricación industrial, y nuestra tarea en obra consistirá en mezclar los componentes y amasarlos añadiéndole la cantidad de agua prescrita por el fabricante en los casos en que se indique.

Las características del adhesivo en su estado fresco, como la consistencia y la plasticidad, son parámetros que por la naturaleza de estos materiales vienen ya establecidos por su propia composición. Dependiendo de la proporción de cemento, resinas, áridos y aditivos se obtiene mayor o menor consistencia, plasticidad y, en definitiva, trabajabilidad de la mezcla.

Consejo

Antes de elegir el tipo de adhesivo que vamos a usar, es imprescindible conocer las necesidades de manejabilidad, resistencia, flexibilidad, etc., que requiere el trabajo para el que se va a destinar, y con ello elegir el tipo de adhesivo.

7. Aplicaciones

Según las características que pueden presentar cada uno de los tipos de adhesivos analizados anteriormente, existen múltiples combinaciones de propiedades, que servirán para elegir el tipo que más se adecua a la utilización que se le va a dar en cada caso.

A la hora de decidir el tipo de adhesivo apropiado, hay que tener en cuenta una serie de parámetros básicos:

- Lugar donde se va a colocar el revestimiento: revestimiento vertical u horizontal, ubicación interior o exterior.
- Tipo de soporte, tipo de material, su estabilidad y rigidez.
- Tipo de pieza a colocar, teniendo en cuenta su grado de absorción y su tamaño.

A fin de ayudar en la elección del adhesivo adecuado, en el siguiente cuadro se expone un resumen genérico de las diferentes nomenclaturas que se pueden encontrar en el mercado:

DESIGNACIÓN	DESCRIPCIÓN
CLASE C. Adhesivo Cementoso	
C1	Adhesivo cementoso de fraguado normal
C1E	Adhesivo cementoso de fraguado normal con tiempo abierto ampliado
C1F	Adhesivo cementoso normal de fraguado rápido
C1T	Adhesivo cementoso normal con deslizamiento reducido
C1FT	Adhesivo cementoso normal, con fraguado rápido y deslizamiento reducido
C2	Adhesivo cementoso mejorado
C2E	Adhesivo cementoso mejorado y tiempo abierto ampliado
C2F	Adhesivo cementoso mejorado con fraguado rápido
C2T	Adhesivo cementoso mejorado con deslizamiento reducido
C2TE	Adhesivo cementoso mejorado, con deslizamiento reducido y con tiempo abierto ampliado
C2FT	Adhesivo cementoso mejorado de rápido fraguado y deslizamiento reducido
C2S1	Adhesivo cementoso mejorado deformable
C2S2	Adhesivo cementoso mejorado altamente deformable
CLASE D. Adhesivo de resinas en dispersión	
D1	Adhesivo en dispersión normal
D1T	Adhesivo en dispersión normal con deslizamiento reducido
D2	Adhesivo en dispersión mejorado
D2T	Adhesivo en dispersión mejorado y deslizamiento reducido
D2TE	Adhesivo en dispersión mejorado, deslizamiento reducido y tiempo abierto ampliado
CLASE R. Adhesivo de resinas de reacción	
R1	Adhesivo normal de resinas de reacción
R1T	Adhesivo normal de resinas de reacción con deslizamiento reducido
R2	Adhesivo de resinas de reacción mejorado
R2T	Adhesivo de resinas de reacción mejorado y deslizamiento reducido

Los adhesivos de resinas de reacción son aptos para ser utilizados en colocación y rejuntado de revestimientos en condiciones en las que se demanda gran resistencia mecánica y química como talleres, piscinas, industrias químicas, alimentarias, laboratorios, etc.

Nota

Estos adhesivos presentan una magnífica adherencia, elevadas resistencias mecánicas y excelente deformabilidad. Además resisten muy bien la mayor parte de productos químicos y son inalterables con el agua.

Aplicación práctica

Se está ejecutando la reforma de un establecimiento destinado a pintado de vehículos. Se van a alicatar los paramentos verticales de la zona de pintado. También se procede al alicatado de los aseos de la zona de oficinas.

Los paramentos de la zona de pinturas están ejecutados con fábrica resistente de ladrillo cerámico revestido con un maestreado de mortero de cemento.

Las particiones de la zona de oficinas y aseos están realizadas con tabiquería prefabricada de cartón yeso. Las oficinas están separadas y aisladas de la zona de pintura.

¿Es adecuado el uso de un adhesivo cementoso tipo C1 como material de agarre de los alicatados que se van a ejecutar en esta obra?

SOLUCIÓN

- **Alicatado de los aseos:** al estar prevista la colocación de los azulejos sobre yeso, no es recomendable la utilización de un adhesivo cementoso. Con la humedad provocada por la hidratación necesaria durante el fraguado del cemento, al estar en contacto con un paramento de yeso, se pueden producir compuestos expansivos. Teniendo en cuenta que este proceso

Continúa en página siguiente >>

<< Viene de página anterior

no finaliza cuando termina el fraguado, la expansividad puede producir la fractura de la adherencia entre el soporte y el adhesivo, provocando el desprendimiento de los azulejos. En este caso es recomendable la utilización de un adhesivo a base de resinas en dispersión, por ejemplo tipo D2, que se presenta en forma de pasta lista para su uso, y ofrece unas muy buenas condiciones de adherencia.

- **Alicatado de la zona de pintura de vehículos:** por la actividad a desarrollar, estos son unos paramentos que van a estar sometidos a un fuerte desgaste mecánico, y sobre todo van a estar muy expuestos a la acción de agentes químicos. En este caso es recomendable la utilización como material de agarre un adhesivo a base de resinas de reacción, tipo R2, ya que ofrecen una excelente adherencia, resistencia mecánica y protección ante los ataques químicos. Debido al ambiente en el que va a estar el alicatado, es muy importante también el uso de este tipo de adhesivo de resinas de reacción como material de rejuntado, tipo RG.

8. Normativa y ensayos

Los adhesivos se denominan y clasifican por la norma UNE-EN 12004:2017.

La denominación y tipos de codificación de los materiales de rejuntado se regula en la norma UNE-EN 13888-1:2024.

8.1. Ensayos

A fin de determinar la categoría de los adhesivos, se analizan una serie de características según ensayos normalizados recogidos en las normas UNE.

Recuerde

Para decidir el tipo de adhesivo apropiado, hay que considerar:

- Lugar donde se va a colocar el revestimiento: revestimiento vertical u horizontal, ubicación interior o exterior.

Continúa en página siguiente >>

<< Viene de página anterior

- Tipo de soporte, tipo de material, su estabilidad y rigidez.
- Tipo de pieza a colocar, teniendo en cuenta su grado de absorción y su tamaño.

En el caso de los adhesivos cementosos, clase C, los ensayos UNE EN 12004-2:2017 determinan las características y prestaciones mínimas que deben alcanzar según sean tipo 1 o tipo 2, según el cuadro adjunto:

CLASE C ADHESIVOS CEMENTOSOS	CARACTERÍSTICAS GENERALES		ENSAYO
	C1 Normal	C2 Mejorado	
Adherencia inicial	>= 0,5 N/mm^2	>= 1,0 N/mm^2	UNE EN 12004-2:2017
Adherencia posterior a la inmersión en agua	>= 0,5 N/mm^2	>= 1,0 N/mm^2	
Adherencia que ofrece posterior a la acción de calor	>= 0,5 N/mm^2	>= 1,0 N/mm^2	
Adherencia con ciclos de hielo-deshielo	>= 0,5 N/mm^2	>= 1,0 N/mm^2	
Tiempo abierto	>= 0,5 N/mm^2		

De la misma forma, en las normas UNE se establecen las características mínimas que han de cumplir, según sus propiedades, el resto de variedades de adhesivos.

9. Marcado CE de los materiales de construcción

Los adhesivos que se utilizan en construcción, han de contar con los sellos de calidad que la normativa exige, especialmente el marcado CE.

El marcado CE es un proceso de estandarización a través del cual, el fabricante o productor de un determinado material, indica tanto a sus clientes como a los organismos oficiales, que el mismo cumple con las condiciones básicas y normativa exigidas para su producto.

Para su marcado, se encuentra regulado un modelo de etiqueta informativa estandarizada, que debe colocarse de forma visible sobre el producto o embalaje, donde se indica que el mismo dispone del marcado CE y cumple con los requisitos de la normativa o directiva de aplicación en su caso.

Es responsabilidad del fabricante el cumplimiento de normativa y el procedimiento de certificación que da lugar a la certificación correspondiente.

Se reproduce a continuación un ejemplo de etiqueta tipo de marcado CE de un adhesivo.

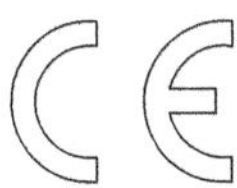	Marcado CE según Reglamento UE 305/2011
Fecha de producción impresa en el embalaje **Cola Cementos, S. A.** Villanueva del Cemento	Referencia a la fecha de producción impresa en el embalaje Nombre y dirección del fabricante
EN 12004	Número de la Norma Europea
Reacción al fuego Clase A1/A1 fl Adherencia temprana a tracción ≥0,5 N/mm² Adherencia inicial a tracción ≥1,5 N/mm² Adherencia a tracción tras envejecimiento térmico ≥1,0 N/mm² Adherencia a tracción tras inmersión en agua ≥1,0 N/mm² Adherencia a tracción tras ciclos de hielo-deshielo ≥1,0 N/mm²	Descripción e información del producto y sus características reglamentadas

10. Marcas o sellos de calidad existentes en materiales de construcción

A la recepción de adhesivos en obra se exigirá el Certificado de Homologación correspondiente para cada tipo de material.

Los sellos de calidad para materiales de construcción avalan documentalmente la calidad y aptitud del producto para el uso al que está destinado. Con el sello de calidad o con la marca homologada, el productor garantiza y acredita, respecto a su producto la posesión de las características técnicas o formales que el sello de calidad certifica.

Mediante el sello de calidad de un determinado producto a utilizar en obra, podemos verificar que el mismo posee las características de calidad o condiciones establecidas en el proyecto.

Las marcas homologadas y sellos de calidad son documentos que concede algún organismo autorizado, y se asocian a un determinado producto, justificando y garantizando que cumple con las especificaciones técnicas exigidas.

Uno de los sellos de calidad más reconocidos en el ISO 9001. Se trata de una certificación de carácter internacional que avala la profesionalidad y calidad de producto de los productores que lo poseen.

Otro sello que podemos encontrar con bastante asiduidad en materiales de construcción es el Documento de Idoneidad Técnica (DIT), que lo expide el Instituto de Ciencias de la Construcción Eduardo Torroja. Expone documentalmente la idoneidad de un determinado material de construcción. También se puede aplicar un DIT a sistemas constructivos o procedimientos.

11. Resumen

Para la colocación de revestimientos en alicatados y solerías por el sistema de capa fina se utilizan los morteros adhesivos.

Su regulación y clasificación se definen en la norma UNE-EN 12004:2017, estableciendo tres grupos diferenciados en función de sus componentes principales:

Los adhesivos cementosos, o tipo C, están compuestos por un conglomerante principal con cemento portland, completados con una mezcla de árido seleccionado y diferentes aditivos.

Los adhesivos en dispersión, o tipo D, tienen como ligante una resina en dispersión acuosa. Se comercializan en forma de pasta lista para su uso. Son aptos para su uso en revestimientos interiores.

Los adhesivos de resinas de reacción, o tipo R, se adquieren en forma de producto multicomponente, formados por una resina de reacción, un endurecedor y áridos silíceos. Su endurecimiento se produce por reacción química. Ofrecen prestaciones muy altas.

Dependiendo del tipo de adhesivo que se utilice, se puede mejorar algunas de sus cualidades.

Los materiales de rejuntado son los que se utilizan para rellenar las juntas entre las baldosas una vez colocadas.

Ejercicios de repaso y autoevaluación

1. Indique cuáles de las siguientes características de los adhesivos están correctamente definidas.

a. Deslizamiento es la deformación registrada en el centro de una capa de adhesivo endurecido cuando se le somete a carga en tres de sus puntos.
b. Tiempo de ajuste es el intervalo máximo de tiempo durante el que se puede ajustar una baldosa colocada con adhesivo sin que disminuya su adherencia.
c. Tiempo de maduración es el periodo de tiempo durante el cual el adhesivo conserva sus propiedades en un almacenamiento en condiciones determinadas.

2. Complete las siguientes afirmaciones con las palabras correctas:

Los adhesivos cementosos o ____________________ se utilizan para la colocación en paredes o ______________________________ estando su uso indicado tanto en ____________ como ____________.

Los adhesivos de ________ en dispersión son productos que se presentan en forma de ________________ y que son aptos para aplicaciones en revestimientos ________. Su principal ligante es una ____________________.

Para conseguir óptimos resultados con los adhesivos de _____________ es necesario que la mezcla se realice por personal cualificado respetando escrupulosamente los porcentajes de _________, ____________ y _________.

3. Interprete los siguientes tipos de codificación establecidos por norma, para los materiales de rejuntado.

- RG
- CG1W:
- CG2ArS1:

____

____

____

____

4. ¿Qué parámetros básicos se deben tener en cuenta a la hora de decidir el tipo de adhesivo apropiado?

a. Lugar donde se va a colocar el revestimiento.
b. Tipo de soporte y material, y su estabilidad y rigidez.
c. Tipo de pieza a colocar.
d. Todas las opciones son correctas.

5. Relacione la codificación de los siguientes adhesivos con su denominación:

a. C1FT
b. D1
c. D2T
d. R2

__ Adhesivo de resinas de reacción mejorado.
__ Adhesivo cementoso normal, con fraguado rápido y deslizamiento reducido.
__ Adhesivo en dispersión normal.
__ Adhesivo en dispersión mejorado y deslizamiento reducido.

Capítulo 3

Elaboración de morteros, pastas, hormigones, adhesivos y materiales de rejuntado

Contenido

1. Introducción

Una vez estudiados los componentes y características de los morteros, pastas, hormigones, adhesivos y materiales de rejuntado, en este tema se desarrollan los procesos y condiciones necesarias para la elaboración y puesta en obra de los mismos.

Se analizan también los equipos y útiles básicos a utilizar para cada una de estas tareas, así como un análisis de los riesgos que entrañan estas actividades y los equipos de protección recomendados para las mismas.

2. Procesos y condiciones de elaboración de pastas y morteros

Tal y como se ha visto, los componentes empleados y el proceso de fabricación de un mortero o pasta influyen directamente en las características y propiedades finales del mismo. Es por tanto que, dependiendo de la finalidad prevista para el producto a fabricar, será necesario determinar previamente los componentes necesarios, la dosificación de cada uno de ellos, el proceso de amasado, su transporte y puesta en obra.

2.1. Identificación y control de componentes

Los morteros se elaboran a partir de la mezcla de conglomerante, arena, agua y aditivos en caso de que sean necesarios. Cuando no interviene arena es cuando se conoce como pasta. Los conglomerantes utilizados para la confección de morteros y pastas son principalmente cemento, yeso y cal.

En obra, antes de realizar la dosificación y mezcla de los componentes, se deberá comprobar que las características de cada uno de los componentes se adaptan correctamente a las especificaciones de proyecto para el tipo de mortero o pasta que se precise elaborar. Si a la recepción de los materiales existen dudas sobre el cumplimiento de alguna de las condiciones exigidas, se deben tomar las muestras necesarias para su ensayo en laboratorio, a fin de confirmar que son aptas para el uso requerido.

Se debe controlar que todos los componentes cuentan con el correspondiente Marcado CE, y con todos los sellos de calidad, garantías y documentos de idoneidad exigibles para el cumplimiento correcto de las prestaciones exigidas.

2.2. Dosificación en peso y volumen, correcciones de dosificación

Los componentes del mortero se deben mezclar adecuadamente para conseguir una pasta que conserve durante el tiempo necesario su trabajabilidad para su puesta en obra, y que una vez fraguado alcance las resistencias previstas, tenga un volumen estable y mantenga unas condiciones pétreas a largo plazo.

Recuerde

La trabajabilidad del hormigón fresco es su facilidad para su vertido y adaptación en moldes de distintas formas.

Independientemente de las propiedades de los componentes del mortero o pasta, también influyen decisivamente en su resistencia y adherencia definitiva las condiciones de preparación y elaboración. Los factores que tienen mayor importancia en las prestaciones finales son principalmente:

- La elaboración y preparación del mortero.
- La humectación de las piezas.
- El tiempo de colocación.
- La forma de colocación.

Para la adición de aditivos es muy importante previamente conocer qué características del mortero o pasta queremos modificar. Se debe escoger adecuadamente el tipo de aditivo, cuidando siempre de que su acción no interfiera sobre otras propiedades que no deseemos modificar, ni sobre las propiedades básicas del mortero o pasta.

En el caso de uso de aditivos líquidos, han de agregarse de forma homogénea, diluyéndolos en el agua para el amasado, siempre siguiendo escrupulosamente las instrucciones del fabricante.

Importante

Se debe escoger adecuadamente el tipo de aditivo, cuidando siempre de que su acción no interfiera sobre otras propiedades que no deseemos modificar, ni sobre las propiedades básicas del mortero o pasta.

Cuando los aditivos se presentan en polvo, también es habitual mezclarlos con el agua de amasado, aunque en algunos casos también se prescribe su mezcla con el conglomerante.

En el caso de aditivos en pasta, la forma habitual de incorporarlos es amasándolos conjuntamente con el resto de componentes una vez que la masa se encuentra en proceso de mezclado.

2.3. Amasado con medios manuales y mecánicos

Cuando el amasado se efectúa de forma manual, hay que realizarlo sobre una plataforma horizontal, impermeable y limpia. Se debe realizar con tres batidas como mínimo a fin de conseguir una mezcla homogénea. El conglomerante en polvo y la arena se mezclan en seco y se apilan, dejando un agujero en el centro, sobre el que se vierte el agua de amasado. Posteriormente se va amasando de fuera hacia adentro, para que la masa se vaya mezclando con el agua, hasta conseguir un producto uniforme.

Este tipo de amasado manual se encuentra cada vez más en desuso, ya que se producen pocas cantidades de material, invirtiendo muchos recursos de mano de obra, puesto que el proceso es excesivamente lento. En la actualidad, el amasado manual se utiliza puntualmente para pequeños trabajos en obras de poca envergadura.

Nota

Incluso para estos casos existen también en el mercado hormigoneras pequeñas, que con poco coste realizan este tipo de amasados con pocas necesidades en el volumen de material demandado.

El amasado también se puede realizar con una hormigonera mecánica. En la actualidad es la forma más usual, por ser más cómoda, se controlan mejor las cantidades de dosificación y se consiguen mayores cantidades de mezcla en menos tiempo, rentabilizando de forma más óptima los costos de producción.

Para el amasado con hormigonera, primero se pone en su interior una parte de agua, y posteriormente, con el bombo de amasado girando, se va incorporando paulatinamente la arena, el conglomerante y los aditivos en caso de que se necesiten, y aportando al final el resto de agua prevista en la dosificación.

Estos procesos también son válidos para la elaboración de pastas, teniendo en cuenta que en la fabricación de estas no interviene la arena.

No obstante, para algunos tipos de pastas, como por ejemplo la pasta de yeso, no suele utilizarse una hormigonera para su amasado. Habitualmente se realiza en unos recipientes grandes llamados "pasteras", en las que mediante palas se amasan los componentes de forma manual. Actualmente también existen en el mercado las pasteras de amasado mecánico.

En el caso de pastas de las que no se demande mucha cantidad, también suele realizarse el mezclado utilizando una amasadora mecánica manual.

Cuando el mortero o pasta se encuentre con un aspecto homogéneo y cremoso, está listo para su uso, debiendo ser utilizado durante el tiempo que se mantiene la hidratación del agua de amasado y no disminuyen las propiedades de la masa.

2.4. Aporte de agua

No se debe en ningún momento añadir agua a la mezcla para amasarla de nuevo una vez que ha perdido propiedades. Si esto se realiza una vez que ha dado comienzo el proceso de endurecimiento, provocará una importante disminución de la resistencia del mortero o pasta, así como una reducción de su durabilidad.

Una excesiva cantidad de agua puede producir el fenómeno de la exudación, resultando una masa poco homogénea, que incide directamente en un descenso de calidad final del mortero endurecido.

Sabía que...

La exudación se produce cuando el agua de la parte baja se desplaza hacia arriba. El fenómeno se incrementa con una granulometría con alta proporción de árido grueso que tiende a situarse en la zona inferior.

En referencia a la adherencia, si el mortero o la pasta presentan escasez en la relación de agua, por su sequedad tendrá más dificultad en penetrar en los poros del soporte, resultando por consiguiente un anclaje deficiente entre el mortero y la pieza.

2.5. Llenado de contenedores de transporte

Es habitual en cualquier obra que sea necesario desplazar el material ya amasado desde el punto de producción hasta el punto de vertido. Si el mortero o pasta se realizan en la propia obra, el transporte se puede hacer mediante carretillas, dumper o con contenedores transportados por la grúa o montacargas instalados en obra.

El vertido de contenedores para su transporte se ha de realizar desde la hormigonera, evitando vaciados bruscos o realizarlo desde altura excesiva que pudiera provocar segregación de los componentes de la masa.

El transporte hasta el punto de consumo se ha de realizar sin golpes o movimientos violentos que pudieran alterar la homogeneidad de la masa.

2.6. Condiciones ambientales para la elaboración de morteros y pastas

A fin de no modificar las condiciones específicas de los distintos componentes de un determinado mortero o pasta y, por tanto, en sus características finales, es necesario mantener unas determinadas condiciones ambientales óptimas durante el acopio de los componentes y durante el proceso de elaboración del producto final. A continuación, se exponen una serie de condiciones básicas a tener en cuenta.

Arenas

Cada partida de arena que se reciba en obra se deberá acopiar en una zona de suelo seco, preparada para que se pueda mantener limpia.

Se deben acopiar por separado los distintos tipos de árido.

Se tienen que observar sus características y, si se considera necesario, se deberá tomar una muestra para analizar sus propiedades en laboratorio.

Es posible corregir las condiciones previas mediante lavado, mezclado o cribando.

Cementos y cales

Durante las operaciones de transporte y almacenamiento se deben proteger los conglomerantes ante la presencia de agua y humedad.

Los distintos tipos de conglomerantes se almacenarán por separado.

Morteros secos preparados y hormigones preparados

Al recepcionar las mezclas elaboradas se debe verificar que la dosificación y resistencia impresas en el envase se ajustan a las características requeridas.

Los morteros predosificados se tienen que utilizar respetando las instrucciones del fabricante, que deben indicar la cantidad de agua de amasado, el tiempo de amasado y el tipo de amasadora recomendada.

Se debe tener especial cuidado en usar el mortero predosificado antes de que finalice el periodo de utilización marcado por el fabricante.

Si en el tiempo de espera para su uso, una vez amasado, se ha producido evaporación de agua, se puede añadir un pequeño porcentaje de agua, siempre con los límites de la cantidad máxima admisible y dentro del tiempo de empleo indicado por el productor, y siempre antes del comienzo del endurecimiento.

Antes de su colocación, el mortero ha de estar con todos sus componentes totalmente mezclados y presentar una masa homogénea. No debe pasar mucho tiempo desde que se finaliza el amasado hasta que se aplica, ya que una vez mezclado continúan produciéndose transformaciones interiores que modifican paulatinamente sus características. Debido a la evaporación y la absorción que provoca la arena, va disminuyendo la cantidad de agua en la mezcla, y esto conlleva la modificación de la consistencia, provocando un mortero menos trabajable. Además, esta merma del contenido de agua reduce el proceso de hidratación, y provoca que el conglomerante no realice correctamente su función cohesiva. Para evitar estos problemas, es aconsejable elaborar únicamente la cantidad de mortero que se va a utilizar para realizar los trabajos previstos en un periodo prudencial, evitando emplear masas sobrantes que reducen sus propiedades originales.

? Sabía que...

La hidratación del cemento es la reacción química producida al mezclarlo con agua, y fragua de forma que se crea una resistente estructura cristalina.

Humectación

Las piezas o elementos sobre los que se va a colocar el mortero o pasta se deben humedecer de forma que no absorban agua de la masa del mortero, y no provoque esto interferencias en los procesos de fraguado del mortero. La humectación previa del soporte ha de realizarse de forma equilibrada, ya que, en el caso contrario de excesiva humedad, se impide el acceso del mortero a los poros de la pieza, suponiendo un menoscabo de la adherencia. El exceso de regado de las piezas puede provocar también que, al aplicar el mortero, este absorba parte de este sobrante, modificando la relación agua/cemento y las características del mismo. Es práctica correcta proceder al mojado del paramento a revestir o de las piezas a colocar momentos antes de ser puestas en obra, no colocándolas hasta que se elimine la capa superficial de agua a fin de favorecer la adherencia.

Tiempo de colocación

En el caso de ejecución de fábricas, el tiempo que transcurre entre la aplicación del mortero y la colocación de las piezas interviene de forma importante en la adherencia de la hilada que se está colocando respecto a la anterior. El agua que contiene el mortero es en parte absorbida por las piezas de la hilada inferior sobre la que se coloca, reduciéndose la adherencia a la hilada superior cuanto mayor sea el intervalo de tiempo entre una y otra.

Por tanto, no se debe rellenar el tendel ocupando mucha longitud, ya que al ir colocando encima las piezas de la siguiente hilada, empezando por un extremo, el mortero colocado al otro lado va perdiendo más rápidamente sus propiedades al absorber la hilada inferior el agua contenida en la masa. Es por tanto recomendable realizar las hiladas en tiradas cortas, tendiendo el mortero de agarre y colocando inmediatamente las piezas de la hilada siguiente.

Definición

Tendel

Es la capa de mortero que se reparte entre dos hiladas sucesivas de ladrillos.

Forma de colocación

Al colocar las piezas, el operario las presiona para que se asienten sobre la capa de mortero de unión. Con esta acción se consigue un incremento en la superficie de unión entre el mortero y la pieza, ya que parte del mortero asciende por las perforaciones, y se adhiere a sus paredes. Además, se consigue que la pasta penetre en los poros, aumentando el nivel de adherencia.

Una vez colocadas las piezas, y después de realizar su alineación y nivelación, se debe evitar siempre golpearlas o realizar movimientos de corrección, ya que una vez que comienza la adhesión entre los materiales, estos movimientos posteriores reducen los anclajes que ya se han producido, impidiendo la correcta adherencia del mortero.

Se está ejecutando fábrica resistente de albañilería tomada con mortero elaborado en la propia obra. El muro tiene una longitud de 20 m y no está protegido del sol. En el tajo se dispone de dos cubetas de mortero preparado y se está a la espera de que la grúa suministre el siguiente palé de ladrillos, ya que en el tajo se ha agotado el acopio de estos. El operario decide ganar tiempo repartiendo a lo largo de todo el muro el mortero de agarre para la siguiente hilada. ¿Cree usted que actúa correctamente?

SOLUCIÓN

No. El mortero va a permanecer más tiempo del debido a la espera de la colocación de la siguiente hilada. Durante ese tiempo, la hilada inferior va a absorber parte del agua de amasado. A ello se une la parte de agua que se va a evaporar por efecto del sol, aumentando el problema. Cuando proceda a colocar las piezas de la siguiente hilada no se van a fijar convenientemente al mortero de agarre, puesto que este, al reducir la relación agua/cemento, ha perdido cualidades de resistencia y adherencia.

3. Procesos y condiciones de elaboración de hormigones

El resultado y propiedades finales de un determinado hormigón vienen determinados principalmente por las características de sus componentes, las cantidades empleadas y el proceso de elaboración del mismo. Se deben tener en cuenta estos factores en función del tipo y características del hormigón deseado.

3.1. Identificación y control de componentes

A diferencia de los morteros, en el hormigón interviene también en su composición el árido grueso o grava, mezclado con arena en una curva granulométrica determinada.

Nota

En el caso del hormigón, el único tipo de conglomerante utilizado es el cemento.

Al igual que en el proceso de elaboración de morteros y pastas, antes de la elaboración del hormigón se debe comprobar las características de cada uno de los componentes, rechazando cualquiera de ellos que no cumpla estrictamente con lo prescrito para la fabricación del tipo de hormigón que se necesite elaborar.

Es preceptivo el control del correspondiente Marcado CE de todos los componentes del hormigón, así como exigir los sellos de calidad y cumplimiento de normativa vigente que les sean de aplicación.

3.2. Dosificación en peso y volumen, correcciones de dosificación

A la hora de elaborar un hormigón en obra hay que tener en cuenta las características exigidas de resistencia, docilidad, consistencia, etc., para establecer la dosificación adecuada. Esta dosificación ha de venir definida por el peso o volumen de cada uno de los componentes que intervienen en la mezcla, indicando además el tipo, características y condiciones de cada uno de ellos.

Cuando se elabora con una hormigonera en la que los materiales se introduzcan en la misma de forma manual, será necesario contar con los instrumentos necesarios para poder determinar con exactitud la cantidad aportada de cada uno de los componentes.

En caso de ser necesario un aporte posterior de alguno de los componentes, la dosificación se puede corregir siempre y cuando todavía se encuentre el hormigón en proceso de amasado, es decir, que aún no haya comenzado el proceso de endurecimiento. También es necesario tener mucha precaución en que con la corrección de la dosificación no se modifique la relación agua/cemento, pues ello incide directamente en las propiedades futuras de resistencia y durabilidad.

Importante

Es necesario tener mucha precaución en que con la corrección de la dosificación no se modifique la relación agua/cemento, pues ello incide directamente en las propiedades futuras de resistencia y durabilidad.

3.3. Amasado con medios manuales y mecánicos

El amasado o mezcla de los componentes del hormigón se puede realizar de forma manual o con medios mecánicos. Dadas las características actuales de las obras de construcción y las existencias en las características y prestaciones del producto final, prácticamente en todos los casos se hace necesario un preciso proceso de mezcla y amasado de los componentes que solo se puede garantizar por medios mecánicos, quedando relegado el amasado manual a pequeñas cantidades de producto y empleo en elementos de muy escasa entidad.

Proceso de amasado del hormigón

Con el proceso de amasado realizamos la mezcla de todos los componentes del hormigón, y garantizamos que el conglomerante se reparta homogéneamente en toda la superficie de las partículas de árido. Además, conseguimos el reparto en la masa, de forma uniforme, de los granos de diferente tamaño, consiguiendo una adecuada adherencia con el conglomerante.

El amasado es posible realizarlo manualmente o con medios mecánicos.

El amasado manual prácticamente no se realiza en la actualidad ya que la producción es escasa y lenta, las masas que se consiguen son muy irregulares, y no se puede garantizar convenientemente que las propiedades finales sean las exigidas en cada caso.

Para el caso de amasado mecánico, se puede realizar en la propia obra mediante hormigoneras in situ, o fabricado en central y transportado a obra mediante camiones hormigonera.

Las hormigoneras tienen un depósito rotatorio accionado por un motor, que en su interior cuentan con unas palas que mediante el giro combinan de forma homogénea los componentes de la masa.

En las hormigoneras de producción continua, además de conseguir una mayor producción de hormigón, se consigue un incremento notable de la calidad, ya que se controla de forma muy exacta la dosificación y el proceso de amasado.

El hormigón fabricado en central mediante hormigoneras continuas se transporta a la obra con camiones hormigonera, que cuentan con una cuba o cubilote rotatorio de gran tamaño que durante el trayecto se puede mantener girando para garantizar que la mezcla se mantenga homogénea y con las mismas características con las que salió de planta. En el albarán de salida del material deberá constar, además de todas las características, tipo de componentes y dosificación utilizados, el tiempo máximo del que se dispone para su puesta en obra. Una vez sobrepasado ese margen de uso, si el hormigón no se ha utilizado deberá desecharse.

Camión hormigonera

El tiempo mínimo de amasado, en general, será de un minuto, pero depende de la consistencia del hormigón y de las características de la hormigonera.

Nota

Al final del amasado, el hormigón debe tener un aspecto homogéneo, con la misma textura, consistencia y color en la totalidad de su masa.

A la hora de solicitar hormigón para su puesta en obra, se debe realizar con la prevención de que en el momento de su llegada tengamos los encofrados preparados, las armaduras colocadas, en caso de hormigón armado, y el personal y los medios de puesta en obra disponibles para su colocación.

3.4. Aporte de agua

Al ser el agua un componente más del hormigón, la cantidad empleada ha de ser la adecuada a las características prescritas para el producto final. Es, por tanto, una práctica contraindicada la aportación indiscriminada de agua al hormigón fresco durante el proceso de amasado, transporte o puesta en obra, ya que se modifica la relación agua/cemento y, por tanto, las propiedades finales del elemento estructural fabricado.

Adición de agua al hormigón fresco

No se debe permitir que en la cuba del camión de suministro se le añada agua a la masa una vez que llega a la obra, porque es posible que se reduzca la resistencia del hormigón, y se modifiquen las condiciones de consistencia y trabajabilidad.

Cuando el hormigón se elabora en la propia obra, normalmente se usa inmediatamente después de finalizar el amasado, por lo que al realizar la dosificación se debe tener en cuenta la consistencia que se necesita, aportando en el amasado la relación agua/cemento adecuada a nuestras necesidades. Por tanto, no suelen ser necesarios incrementos posteriores de agua para mejorar la docilidad.

Sin embargo, cuando se solicita hormigón preparado en central, siempre transcurre un tiempo más o menos prolongado desde su elaboración hasta su puesta en obra. Aunque no se haya sobrepasado el tiempo de utilización estipulado por el fabricante, y el hormigón esté en condiciones de ser vertido, es posible que durante el trayecto su docilidad se vea mermada. En muchos casos es práctica habitual añadirle agua a la mezcla para fluidificarla. Se trata de una costumbre errónea, pues, aunque se consigue mejorar la consistencia, al añadir agua y "reamasar" la mezcla, si se hace cuando han comenzado los procesos de endurecimiento, se modifica la relación agua/cemento, provocando una disminución de la resistencia, además de una merma en su durabilidad.

3.5. Llenado de contenedores de transporte

Para el transporte del hormigón desde el punto de elaboración hasta su vertido se pueden dar varios casos según su procedencia:

- En el caso de hormigón fabricado en central, el transporte se realiza mediante camión hormigonera.
- En el caso del fabricado en la propia obra, dependiendo del tamaño de la misma, es posible realizarlo con carretillas o con dumper motorizado.

Tanto si el hormigón llega a obra en camión, como si se fabrica en obra mediante hormigonera, desde ese punto se debe transportar al lugar de vertido.

Recuerde

Se conoce como dumper motorizado o de obra, a la carretilla a motor con volquete, de uso habitual para el transporte de materiales en el interior de la obra, que ofrece una buena maniobrabilidad y excelente adaptabilidad a las distintas condiciones de la misma.

Si se transporta con contenedor, se realiza mediante grúa o montacargas. En este caso el contenedor que se usa habitualmente es del tipo cubilote con sistema de apertura inferior para facilitar la descarga.

Dicho contenedor se debe llenar dejando un margen hasta el nivel de rebose para evitar pérdidas de masa durante su izado. Es necesario llenarlo desde la menor altura posible y sin vaciados bruscos a fin de evitar la segregación de los componentes, que influye negativamente en las características futuras del hormigón.

Sabía que...

En el Código Estructural se determinan los criterios específicos de conformidad para el control de los productos componentes del hormigón, así como las características del hormigón, su suministro, puesta en obra y ensayos, especialmente en los artículos 56 y 57 del capítulo 13.

3.6. Condiciones ambientales para la elaboración de hormigones

En el proceso de fabricación, transporte y puesta en obra del hormigón, además de vigilar las características de los componentes y su dosificación, es necesario que este se realice bajo unas determinadas condiciones ambientales, a fin de no modificar las características básicas del producto elaborado y su resistencia final.

Curado del hormigón

El correcto curado del hormigón, una vez que se ha puesto en obra, influye decisivamente en las prestaciones del elemento hormigonado. Es una operación muy importante posterior a la puesta en obra del hormigón y durante los primeros días de endurecimiento, de cara a mantener las características adecuadas durante su vida útil. Durante el fraguado es imprescindible que tenga un grado de humedad determinado para evitar fisuraciones. Durante el endurecimiento, el hormigón sufre pérdidas de agua debido a la evaporación. Esto provoca que en el seno del hormigón se formen huecos capilares que reducen su resistencia. El curado debe comenzarse lo antes posible una vez puesto en obra el hormigón.

El proceso de curado se basa en las operaciones que se realizan sobre el hormigón cuando comienza su endurecimiento, a fin de eliminar las tensiones interiores que sufre durante este proceso. Para obtener un endurecimiento uniforme e impedir la pérdida de agua inicial, el proceso de curado debe mantenerse durante el fraguado y en los primeros días del endurecimiento.

De forma general, cuanto más dilatado es el proceso de curado, más óptimos serán los resultados del hormigón final. El tiempo mínimo recomendable es de 7 días en condiciones normales, si bien el tiempo adecuado obedece a distintas circunstancias, como:

El método de curado elegido
La temperatura existente durante el proceso de curado
La velocidad de hidratación del tipo de cemento
La humedad ambiental existente

La sequedad, el calor y el viento sobre la superficie del hormigón estimulan la rápida evaporación del agua de la masa, incluso después de la compactación, afectando directamente a la resistencia.

Es por esto que el tiempo y la calidad del proceso de curado se deben incrementar en determinadas ocasiones:

- Con altas temperaturas.
- Con existencia de vientos secos.
- Con elementos hormigonados de poco espesor y exposición al sol.
- En zonas de ambientes agresivos.

Las formas de realizar el curado del hormigón pueden ser, principalmente:

- Con riego directo. Es la forma de curado más usada, regando la superficie para mantener su hidratación.
- Pinturas reflectoras de rayos solares. Se mantiene la humedad superficial protegiendo el hormigón de la acción directa del sol.
- Películas aislantes. Se pueden utilizar sacos mojados, plásticos o resinas, evitando la rápida evaporación del agua utilizada en la dosificación.
- Utilización de cementos de bajo calor de hidratación. Evita que desprenda tanto calor como los conglomerantes tradicionales, reduciendo la evaporación de agua.
- Al vapor. Se utiliza principalmente en fabricación industrial de piezas prefabricadas.

Recuerde

La sequedad, el calor y el viento sobre la superficie del hormigón estimulan la rápida evaporación del agua de la masa, afectando directamente a la resistencia.

Aplicación práctica

Se han ejecutado unas losas de hormigón armado para la cubrición de las terrazas de última planta de un edificio de viviendas. Las losas tienen un espesor de 15 cm y no existen elementos del edificio o de zonas colindantes que las protejan de la acción del sol. El hormigonado se realiza en una época del año calurosa. ¿Deben contemplarse cuidados específicos durante el proceso de curado del hormigón?

SOLUCIÓN

En este caso se producen varias circunstancias que implican un incremento de la calidad del curado del hormigón, como son:

Continúa en página siguiente >>

<< Viene de página anterior

- Elementos hormigonados de poco espesor.
- Exposición directa a la acción del sol.
- Posibilidad de la existencia de temperaturas elevadas.

A fin de reducir cuanto sea posible las consecuencias de estas circunstancias, se deben esmerar al máximo los cuidados del curado de estas losas. Se tiene que mantener constante la hidratación del hormigón.

Se han de incrementar los riegos directos, multiplicando el número de veces que se efectúa el regado durante la jornada con respecto a los que se realizan habitualmente en condiciones normales.

Para complementar los regados, dado que se trata de una época calurosa, sería recomendable, al término de la jornada laboral, dejar las losas cubiertas por sacos mojados o plásticos que impidan que el calor acumulado durante el día incremente la evaporación durante la noche.

Puesta en obra del hormigón

A la hora de poner en obra el hormigón se debe evitar la segregación o separación de los materiales que lo componen. La segregación supone:

- Aspecto antiestético, al no adaptarse correctamente a los encofrados.
- Disminución de las capacidades mecánicas, porque genera más huecos en su interior, reduciendo la compacidad.
- Aumento de la porosidad, que convierte al hormigón en más permeable, haciendo posible el deterioro de armaduras, y más vulnerable a la acción de las heladas.

Vertido de hormigón

Para evitar la segregación durante la puesta en obra se deberán tener una serie de prevenciones:

- El vertido en el interior de los encofrados se realizará de forma que la caída libre no sea superior a 1,5-2 m.
- No se debe desplazar la masa horizontalmente, cuidando de que el vertido se realice en el punto donde permanecerá definitivamente.
- Evitar movimientos rápidos de la masa, eludiendo el reparto a paletadas del hormigón.
- Colocar el hormigón por tongadas o capas horizontales, de espesor no superior a 50 cm, a fin de poder realizar la compactación de forma correcta.
- Realizar el compactado o vibrado durante un tiempo apropiado según la consistencia del hormigón, teniendo especial cuidado en que el hormigón recubra perfectamente las armaduras, y que ocupe todos los espacios del encofrado.

Nota

Se debe tener cuidado en que el vertido de cada capa se realice antes de que comience el fraguado de la capa anterior.

Durante la puesta en obra, con la operación de vibrado se disminuye el aire ocluido contenido en el interior de la masa de hormigón. Habitualmente, para la puesta en obra se utiliza el vibrador de aguja, que consta de un cilindro metálico con un motor incorporado accionado por un generador de frecuencia. La aguja se introduce en el hormigón fresco, en cada tongada, verticalmente, hasta que alcance la capa anterior. Es importante evitar que entre en contacto directo con las armaduras, ya que la vibración puede provocar la separación entre la masa y el armado.

Empleo del vibrador de aguja

Aplicación práctica

Ante la posibilidad de realizar el hormigonado de unos elementos de cimentación usando el sistema de bombeo o transportado mediante canaletas y carretillas, ¿qué ventajas o inconvenientes entre ambos se pueden observar desde el punto de vista de reducir la segregación del hormigón?

SOLUCIÓN

Como ventajas del sistema de bombeo se puede destacar el hecho de que el hormigón se coloca en el punto donde permanecerá posteriormente, evitando su desplazamiento horizontal posterior o el reparto a paletadas. Por este sistema, el inconveniente es que el hormigón sufre mayores esfuerzos durante el tubo de bombeo y cae con más fuerza sobre

Continúa en página siguiente >>

<< Viene de página anterior

los encofrados, aumentando el riesgo de segregación. Para evitar este problema se debe colocar la boca del tubo de bombeo lo más cerca posible del nivel de hormigonado.

En el caso del transporte por canaletas o por carretillas, el vertido es mucho más suave, pero cuenta con el inconveniente de que una vez vertido en la zona de alcance de la canaleta, será necesario desplazarlo horizontalmente para colocarlo en su ubicación definitiva, potenciando las posibilidades de segregación de los componentes.

---

4. Procesos y condiciones de elaboración de adhesivos y materiales de rejuntado

Al igual que en el caso de cualquier pasta o mortero, las características de los adhesivos y materiales de rejuntado vienen determinadas por sus componentes y los procesos de elaboración, así como al amasado de la mezcla y el sistema de puesta en obra. Al ser estos productos de fabricación muy industrializada es importante seguir en todo momento las especificaciones y recomendaciones del fabricante.

4.1. Identificación y control de componentes

Al ser los adhesivos materiales muy específicos, es necesario tener en cuenta unas condiciones determinadas para su preparación y colocación. Ya que son materiales que en la mayoría de los casos se nos presentan preparados o listos para la mezcla, para conseguir los resultados y prestaciones esperados es muy importante seguir cuidadosamente las instrucciones del fabricante, así como usar las herramientas apropiadas.

Es un sistema que se adapta a todos los tipos de baldosa y muy en especial en piezas de baja porosidad. Es compatible con la variedad de soportes que podemos encontrar. Existe una amplia gama de materiales de agarre que se adaptan a cada tipo de colocación y tienen tiempos de rectificación razonables.

En obra, antes de su utilización se deberán identificar los componentes del adhesivo, comprobando sus características, y verificando que se adaptan a las condiciones del soporte y del material que se pretende colocar.

Se debe comprobar que todos los componentes cuenten con el correspondiente Marcado CE y los sellos de calidad y documentos técnicos que garanticen la calidad e idoneidad del producto.

4.2. Correcciones de dosificación

En el caso de adhesivos y materiales de rejuntado, no es habitual efectuar correcciones de dosificación, ya que los componentes vienen predosificados desde fábrica y en obra únicamente es necesario el aporte de agua. En otros casos, como ya se vio en el tema correspondiente, el adhesivo viene preparado en forma de multicomponente listo para mezclar y amasar, o en algunos casos se presenta en forma de pasta lista para su uso, sin necesidad de manipulación en obra.

Nota

Es por tanto que en estos materiales sus características no se prestan a realizar correcciones en su dosificación, que implicaría una modificación en las condiciones establecidas por el fabricante.

4.3. Amasado con medios manuales y mecánicos

Según la clase de adhesivo que tengamos, le corresponde unas condiciones de mezclado que deben venir claramente especificadas por el fabricante, y que deben seguirse minuciosamente para conseguir el producto con las características exigidas. Los adhesivos de resinas en dispersión se adquieren preparados para su colocación, no siendo necesaria una preparación previa. En los adhesivos cementosos y los de resinas reactivas, se necesita realizar la mezcla según unas condiciones exactas y definidas.

En relación a la composición de los adhesivos cementosos, el fabricante establece la relación agua/cemento. Habitualmente viene definida por los litros de agua a utilizar en relación con el contenido del envase servido. En primer lugar se vierte el agua en el receptáculo donde se vaya a realizar el mezclado, y posteriormente se vacía el contenido del envase en polvo. Inmediatamente se procede al mezclado de ambos componentes, usando un mezclador mecánico, con rotación a bajas revoluciones, de forma que con el producto obtenido obtengamos una pasta totalmente homogénea. Se debe cuidar que el polvo quede perfectamente diluido en el agua, prestando especial atención a que en su seno no existan grumos ni burbujas de aire.

La operación de mezclado finaliza en el momento en que se consigue la completa homogeneidad de la masa. La textura ha de ser continua y con aspecto cremoso. Una vez terminada la mezcla, no se debe incrementar la cantidad de agua del amasado bajo ninguna circunstancia, ya que con esto modificamos las condiciones finales del producto.

En los datos e instrucciones de amasado que se adjuntan al producto, es habitual que existan recomendaciones sobre el agitador adecuado y su régimen de giro.

Consejo

Normalmente se aconseja el uso de mezcladores con forma helicoidal y de bajas revoluciones de giro, ya que con estos se beneficia el reparto homogéneo de la masa.

En el caso de los adhesivos de resinas reactivas, se comercializan normalmente en dos componentes separados: una resina y un endurecedor. Generalmente el componente que participa en mayor cantidad es la resina, siendo menor la proporción de endurecedor en la mezcla final. Para su mezclado se vuelca el contenido del endurecedor sobre la resina, y mediante un agitador apropiado se procede al mezclado homogéneo del adhesivo. Los agitadores en forma de cinta helicoidal favorecen el rebañado de las paredes del recipiente y una mezcla más homogénea. También se recomienda baja velocidad de giro.

Resumen del proceso de amasado y colocación

Se debe amasar los componentes del adhesivo junto con la cantidad de agua indicada por el fabricante, en caso de que esta sea necesaria, hasta que la masa quede uniforme.

Se deja reposar la masa unos minutos antes de proceder a la colocación.

Se extiende sobre el soporte repartiendo la capa en paños pequeños no mayores de 2 m^2 y se "peina" con una llana dentada a fin de conseguir una regularidad en su espesor.

Posteriormente se coloca la baldosa presionando hasta conseguir el aplastamiento de los surcos.

El rejuntado y los materiales de rejuntado

Se ha de tener en cuenta que no se debe comenzar la operación de rejuntado antes de que se produzca el total endurecimiento del adhesivo utilizado para la colocación de las baldosas. Si se realiza el rejuntado sin respetar el tiempo de endurecimiento, se puede modificar la posición y las condiciones de adhesión de las baldosas

El rejuntado se ejecuta con paleta de rejuntar o con una espátula de goma. El material de rejuntado se aplica sobre la superficie de las juntas y se comprime con movimientos de ida y vuelta a fin de conseguir el completo rellenado de todas las juntas.

El material de rejuntado

Como ya se ha visto anteriormente, en el mercado se encuentra una amplia diversidad de materiales de rejuntado para revestimientos con baldosas cerámicas, con los que se pueden adaptar los trabajos a los tipos de baldosas y de condiciones que podemos encontrar.

Juntas cementosas

Podemos encontrar pastas de rejuntado con cemento en su composición, mezclado con otros componentes o aditivos que mejoran sus características iniciales, como resistencia a los hongos, dureza, flexibilidad, impermeabilidad, etc.

Para su preparación solo tienen que mezclarse con agua o adición líquida en el momento en que se van a usar.

Se distribuyen en dos grupos: normal o mejorados, según tengan o no propiedades adicionales.

Su preparación se realiza mezclándolo con la cantidad de agua determinada por el fabricante, amasándolo hasta lograr una pasta espesa y homogénea. En el mercado se puede encontrar producto específico para juntas finas y para juntas gruesas.

Su campo de aplicación son los rejuntados de revestimientos de paramentos y suelos, tanto interiores como exteriores. Son compatibles con todos los tipos de baldosas.

No se aconseja su utilización en zonas sometidas a limpieza habitual mediante productos agresivos y en zonas de uso intensivo alimentario o sanitario como cocinas colectivas, quirófanos, mataderos, etc.

Nota

El material lo constituye el cemento como conglomerante hidráulico, cargas minerales y aditivos.

Pueden contener aditivos pigmentados para conseguir distintas coloraciones.

Juntas con resinas de reacción

También se encuentran entre los materiales de rejuntado el otro grupo formado por resinas de reacción, como los epoxídicos, que no incluyen cemento en su composición. Las resinas le confieren propiedades que no se consiguen con los materiales basados en el cemento como endurecedor. Para su colocación se necesita una manipulación más cuidadosa y mayor destreza de los colocadores.

Sus principales propiedades son:

- Resistencia a productos químicos.
- Resistencia bacteriológica.
- Adherencia muy alta.
- Resistencia a la humedad.
- Resistencia a la abrasión.

Nota

Están fabricados con resinas sintéticas, aditivos orgánicos y cargas minerales. Su endurecimiento es producto de reacciones químicas.

Aplicación práctica

¿Es correcto utilizar el mismo tipo de adhesivo, de una misma amasada para la colocación de un paño de azulejos y para su rejuntado?

SOLUCIÓN

El mismo tipo de adhesivo sí se podría utilizar si el material del que disponemos cumple con los requisitos y cualidades necesarias para ambas operaciones. Pero no es correcto realizar los dos trabajos en un mismo paño y de la misma amasada, porque ello implica realizar el rejuntado inmediatamente después de colocar los azulejos. Al estar fresco el adhesivo de pegado al soporte, con las presiones que realizamos con la operación de rejuntado es muy probable que se movieran los azulejos.

4.4. Llenado de contenedores de transporte

En el caso de adhesivos y materiales de rejuntado, no es necesaria la elaboración de grandes volúmenes de material en relación al rendimiento de superficie que ofrecen. Por sus características de preparación, en las que se presentan en forma de monocomponente o multicomponente listo para mezclar y amasar, normalmente no se necesita hormigonera o maquinaria de gran tamaño para su amasado.

Nota

Habitualmente se mezcla y elabora el adhesivo en el propio lugar donde se va a utilizar, no siendo necesario su transporte a excesiva distancia una vez elaborado.

Las precauciones necesarias una vez elaborado es verterlo en un recipiente donde sea accesible con comodidad, y sobre todo que no afecte las condiciones de fabricación del adhesivo.

4.5. Condiciones ambientales para la elaboración de adhesivos y materiales de rejuntado

Las condiciones generales aconsejables en la utilización de adhesivos son:

- Los soportes sobre los que se va a colocar deben ser resistentes, sanos y que no tengan en su superficie partículas que obstaculicen la adherencia.
- Deben ser planos, con desviaciones inferiores a las estipuladas. Si se encuentran zonas que incumplan las desviaciones mínimas es posible realizar recrecidos con el mismo material un día antes de la aplicación, o bien realizar la nivelación con morteros secos tradicionales o pastas niveladoras.
- Ante la existencia de calor, vientos y soportes con un elevado grado de absorción, se necesita humedecer el soporte y esperar, antes de colocar el adhesivo, a que desaparezca la película de agua.
- Se deben tener en cuenta las juntas constructivas y permitir juntas de colocación como mínimo de 2 mm.
- Colocar únicamente para los usos permitidos por el fabricante.
- Aplicar cuidando de no sobrepasar la temperatura máxima y mínima especificada.
- No se debe utilizar para piezas de tamaños o grado de absorción diferentes a los admitidos en las instrucciones del adhesivo.

Aplicación práctica

Se comprueba la planeidad de las paredes de una cocina lista para colocar el alicatado. Se constata que en algunas zonas existe una desviación de la planeidad de hasta 5 mm. Se comprueba en el envase del adhesivo que se va a utilizar que el fabricante admite un espesor máximo de la capa de adhesivo de 8 mm.

¿Se pueden comenzar en este momento los trabajos de alicatado de la cocina?

SOLUCIÓN

No se puede comenzar e alicatado. Para un grosor máximo de la capa de adhesivo de 8 mm, la desviación máxima permitida de la planeidad del paramento es de 3 mm. En este caso se supera el límite admitido.

Se debe recrecer con el mismo material las zonas que no cumplen la planeidad, y no se pueden comenzar los trabajos de alicatado al menos hasta el día siguiente.

Colocación del adhesivo

Para la puesta en obra del adhesivo, se coloca con una capa delgada, y posteriormente se ponen las plaquetas o baldosas. Es necesario que la superficie sobre la que se coloque sea plana, y que no presente desviaciones superiores al grosor de capa máximo estipulado por el fabricante del adhesivo. En caso de revestimientos horizontales, se debe comprobar previamente el correcto nivelado de la base; y en el caso de alicatados o revestimientos verticales, es necesario revisar previamente que el paramento cuente con un correcto aplomado.

Colocando el adhesivo

Habitualmente, en el caso de pavimentos necesitamos que exista una capa de nivelación previa a la colocación del adhesivo. Para alicatados es recomendable que lo coloquemos sobre un enfoscado maestreado que previamente se habrá ejecutado sobre la fábrica.

En la realización previa de enfoscados maestreados y nivelación de soleras, la planeidad no puede presentar desviaciones superiores a las indicadas en el siguiente cuadro:

Grosor máximo admitido del adhesivo	Desviación de la planeidad admitida
Hasta 8 mm	Menor de 3 mm
Hasta 15 mm	De 3 mm a 8 mm

Desviaciones medidas con regla de dos metros

Para conseguir una colocación correcta, es muy importante la elección del adhesivo óptimo.

Para establecer el modo de colocación correcto debe tenerse en cuenta el tipo y el tamaño de la baldosa, y si la ubicación del revestimiento va a ser en el interior o en zonas exteriores.

La colocación en capa fina es la técnica más utilizada en la actualidad para la colocación de materiales cerámicos. Es la forma más adecuada debido a la existencia de modernos materiales cerámicos y a la gran variedad de soportes que podemos encontrar. La colocación se realiza poniendo previamente una capa que regulariza el soporte. Se ejecuta un enfoscado en el caso de revestimiento de pared o una base de mortero para las solerías.

Importancia del grado de absorción del soporte

A la hora de la colocación es importante conocer el grado de absorción del revestimiento, y tomar las medidas necesarias para su corrección.

Para soportes con un fuerte grado de absorción:

- Se reduce el tiempo de trabajabilidad, tiempo abierto.
- Se produce una adherencia defectuosa, es aconsejable mejorar el soporte mojándolo previamente o realizando una imprimación de fondo reguladora.

Para soportes con poca absorción:

- Se produce un efecto lento de endurecimiento.
- Se incrementa el tiempo de secado.
- Se reduce la calidad del anclaje mecánico.
- Para reducir la acción de estos inconvenientes es aconsejable realizar previamente un repicado del soporte, y la utilización de adhesivos con características mejoradas.

Para soportes muy impermeables, como por ejemplo metales:

- Adherencia muy deficiente o casi nula.
- El proceso de endurecimiento es difícil que se produzca en condiciones correctas.
- Lo más aconsejable en estos casos es utilizar adhesivos de resinas de reacción.

Utilización en revestimientos verticales

En el caso de utilización de adhesivo para la ejecución de revestimientos verticales mediante alicatado, previamente se deben realizar las tareas de preparación y replanteo:

- Es necesario definir previamente el plano vertical de terminación del alicatado.
- Antes de pegar los azulejos, debe ejecutarse con mortero de cemento la superficie maestreada plana.
- Se comprueba que los paramentos están aplomados y carecen de suciedades.

- Se fija una regla horizontalmente a nivel en que quedará la solería terminada.
- Se replantean los azulejos comenzando en una esquina.
- Antes de la colocación se mojan los azulejos, dejándolos secar hasta que desaparezca la película superficial de agua.
- Después de secarse la superficie maestreada se extiende el adhesivo con llana dentada.
- Se colocan los azulejos esmerando la continuidad de las juntas.

Nota

Para establecer el plano vertical de terminación del alicaído se utiliza la plomada, tomando el punto más desfavorable y considerando un aumento de espesor de un centímetro, más el grosor del alicatado.

5. Equipos

Una parte muy importante en la elaboración de cualquiera de los productos explicados es la adecuada selección de los equipos y herramientas necesarios para su fabricación, transporte y puesta en obra de acuerdo con el volumen de material a emplear, ubicación, características de la obra y con las condiciones particulares de cada caso.

5.1. Tipos y funciones (selección, comprobación y manejo)

A fin de facilitar la elaboración y puesta en obra de los morteros, hormigones y adhesivos estudiados en el presente libro, existe una gran variedad de equipos y útiles de trabajo de uso habitual en estas actividades.

Realizando la división según los tres grupos de materiales tratados, en la siguiente relación se realiza un listado de algunos de los equipos de uso más común:

Equipos utilizados en la elaboración de morteros y pastas

El amasado de morteros y pastas se puede realizar de varias formas en función de la cantidad que se necesite.

Si se necesita muy poca cantidad, se puede elaborar mediante mezcladora mecánica en un recipiente de dimensiones suficientes.

Si se necesita más volumen, se puede realizar el amasado en una hormigonera de obra. En esta se elabora de la misma forma que el hormigón, vertiendo primero parte del agua de amasado; posteriormente, y con la hormigonera rotando, se van mezclando el resto de los componentes y al final el resto del agua de amasado hasta conseguir una pasta homogénea y con la consistencia deseada.

Mezcladora-amasadora de pasta

Para el caso de pastas y morteros de yeso, para revestimientos interiores, el amasado se suele realizar en unos recipientes de abertura muy ancha llamados "pasteras". En estos se vierten los componentes de la masa y se procede a su amasado. El amasado puede ser manual, mediante paletas, hasta conseguir la textura deseada de la pasta.

Nota

También existen "pasteras" o mezcladoras mecánicas, dotadas de un motor que realiza el trabajo de elaboración de la pasta.

Equipos utilizados en la elaboración de hormigones

Dependiendo de las características finales demandadas a un determinado hormigón y del volumen que se necesita, se hace necesario elegir adecuadamente el sistema mecánico de mezclado y amasado de los componentes del producto, como es el caso del tipo de la hormigonera empleada.

Hormigonera

En función de la forma en que producen el hormigón podemos encontrar dos grupos diferenciados de hormigoneras:

- Hormigonera de cubilote.
- Hormigonera de producción continua.

Hormigonera de cubilote

La **hormigonera de cubilote** es uno de los instrumentos a los que se le da mayor uso en una obra. Tienen un depósito rotatorio cuyo giro se acciona mediante un motor, y en su interior cuentan con unas palas que mediante el giro realizan el amasado de los componentes de forma homogénea.

Las **hormigoneras de producción continua** tienen la ventaja de que pueden elaborar un flujo constante de hormigón, ya que todos los componentes se añaden de forma continua mediante tolvas conectadas a silos de almacenamiento. Este tipo de hormigoneras se encuentran habitualmente en las plantas de hormigonado y en obras con una gran demanda de hormigón.

Además de ofrecer una mayor producción de hormigón, tienen la ventaja de conseguir mayor calidad del producto final, ya que se controla con total exactitud la dosificación utilizada y el proceso de amasado.

Hormigonera de producción continua

TIPOS DE HORMIGONERAS		
Hormigoneras de cubilote	De eje vertical	Se utilizan en obras pequeñas
	De eje horizontal	
	De eje inclinado	
Hormigoneras de producción continua	Los componentes se introducen de forma continua, obteniendo una salida constante de hormigón	Son las que se utilizan en plantas de hormigonado y en grandes obras con importante demanda de hormigón

Equipos para el transporte y puesta en obra

Existen varias formas para realizar el transporte del hormigón desde el punto de elaboración hasta el lugar donde se ha de realizar su vertido.

La más básica es mediante **carretilla manual.** Se utiliza para actuaciones pequeñas, con producción del hormigón en la propia obra, realizado con hormigoneras pequeñas.

Si la obra es de tamaño mediano, también se puede transportar mediante **dumper** o volquete pequeño.

Estos sistemas tienen como desventaja que la cantidad de material transportado es pequeña, y una vez llegado al punto de vertido, si se encuentra en altura, es necesario otro medio para elevar el hormigón.

Por tanto, lo habitual para el transporte y vertido del hormigón es mediante **camión autobomba** o mediante **cubilotes de descarga inferior,** si la obra dispone de grúa. El camión autobomba transporta el hormigón mediante bombeo por medio de una serie de conductos extensibles hasta el lugar de vertido. Permite realizar el hormigonado con gran rapidez y eficacia.

Nota

Si la puesta en obra se va a realizar mediante bombeo, es necesario solicitar el hormigón con consistencia más fluida, y a ser posible con árido natural, ya que al tener forma redondeada discurre más fácilmente por los conductos.

Aplicación práctica

En una obra en la que la estructura se encuentra en ejecución por fases, se dispone de grúa fija y se tiene que hormigonar en los próximos días una zona amplia de forjado y al día siguiente un grupo de diez pilares, todos en planta 3.ª. El hormigón se va a solicitar a una planta de hormigonado. ¿Qué método razonado es más conveniente en cada caso para la puesta en obra del hormigón?

Continúa en página siguiente >>

<< Viene de página anterior

SOLUCIÓN

Hormigonado del forjado. Al ser una zona amplia de forjado se tendrá que verter una importante cantidad de hormigón. Es más conveniente realizar el vertido mediante bombeo ya que de esta forma se realiza un hormigonado casi continuo, mucho más rápido, y con mayor aprovechamiento de los recursos. Se debería tener en cuenta solicitar la presencia de la bomba de hormigonado, y para facilitar el bombeo, pedir el hormigón con una consistencia más fluida y el árido natural, si el proyecto lo permite.

Hormigonado de los pilares. Al ser solo diez pilares, la cantidad de hormigón que se va a verter es pequeña, por lo que no compensa montar la bomba de hormigonado. Además, por la forma esbelta de los pilares y el reducido tamaño de la boca de hormigonado es más conveniente el hormigonado mediante cubeta de descarga inferior elevada con la grúa fija de la obra.

La forma de transporte del hormigón fabricado en central mediante hormigoneras continuas se realiza hasta la obra con camiones hormigonera, que cuentan con una cuba o cubilote rotatorio de gran tamaño que durante el trayecto se puede mantener girando para garantizar que la mezcla se mantenga homogénea y con las mismas características que salió de planta.

Camión hormigonera

En el albarán de salida del material de la planta deberá constar, además de todas las características, tipo de componentes y dosificación utilizada, el tiempo máximo del que se dispone para su puesta en obra. Una vez sobrepasado ese margen de uso, si el hormigón no se ha utilizado deberá desecharse.

Importante

Una vez sobrepasado el tiempo máximo del que se dispone para la puesta en obra del hormigón, si no se ha utilizado, deberá desecharse.

Vibrador

La práctica más habitual de vibrado del hormigón se realiza mediante el vibrador de aguja. Se trata de un aparato que consta de un cilindro metálico accionado con movimientos vibratorios mediante un motor incorporado. Los más habituales son de cilindro de poco diámetro que pueden ser manejados por una persona y tienen la ventaja que se introducen mejor en piezas que tienen muchas armaduras.

Se introduce en el hormigón fresco, en cada capa, verticalmente, hasta que penetre levemente en la tongada previa.

Equipos utilizados en la elaboración de adhesivos y materiales de rejuntado

Por las características de aplicación de este tipo de materiales, habitualmente en capas de muy poco espesor, se hace especialmente necesario obtener una mezcla muy homogénea, que no presente grumos o burbujas de aire. Esto se consigue sobre todo con un amasado mecánico, preferentemente, o a baja velocidad, como puede ser con un mezclador manual.

Mezclador

Se trata del instrumento más utilizado para la mezcla de adhesivos y materiales de rejuntado. Estos no se elaboran en grandes cantidades ya que al utilizarse en revestimientos por el sistema de capa delgada, no se consume mucho material de una vez, por lo que no se realiza en hormigonera.

Mezcladora de mortero y adhesivos

Habitualmente se realiza el mezclado de los componentes de los adhesivos mediante un **mezclador mecánico,** que puede manejar un solo operario. Se vierten los componentes suministrados en un recipiente suficientemente amplio, y se realiza el amasado con el mezclador, que consta de una cinta helicoidal al extremo de un eje accionado por un motor que garantiza la mezcla homogénea del producto.

6. Equipos de protección

Para estas, como para todas las actividades que se desarrollan en la obra, es necesario seguir unas directrices en materia de seguridad, cumpliendo con lo establecido en la normativa que le sea de aplicación, así como en los planes de seguridad que para la obra existan.

Los equipos de protección se dividen en equipos individuales y equipos colectivos. Los individuales son los que usa cada persona, afectando a su protección personal. Los colectivos comprenden las medidas de protección, de seguridad y organizativas con las que cuenta el lugar de trabajo, y que protegen a la colectividad de operarios que actúan en el mismo.

Nota

Los equipos de protección individual se conocen como EPI, y comprenden los medios personales de que dispone un operario, para la protección contra los riesgos que puedan dañar su integridad y su salud.

La acción conjunta de protecciones individuales y colectivas ha de garantizar la seguridad exigible para los trabajos a desarrollar.

6.1. Individuales

En general, para la elaboración de morteros, pastas y hormigones, será necesario el uso de las medidas de protección individual establecidas para la obra en cuestión en la que se desarrollen los trabajos. No obstante, será norma común el uso de los correspondientes equipos de protección:

- Casco homologado y certificado.
- Mono apropiado de trabajo.
- Calzado reforzado con puntera.
- Guantes apropiados.
- Gafas protectoras de seguridad.
- Mascarilla filtrante para el manejo de áridos o conglomerantes que puedan producir polvo y afectar las vías respiratorias.
- Cinturón de seguridad anclado a punto firme en caso de estar realizando los trabajos en zonas con riesgo de caída.

6.2. Colectivos

Además de los medios de protección individuales de cada trabajador, se deberá dotar a las zonas de trabajo de medios de seguridad colectivos y protecciones adecuadas a las características del trabajo realizado y del entorno y condiciones en las que se realice. Como norma general, sin perjuicio de las medidas que sea preceptivo que existan en la propia obra, se deberá tener en cuenta que para el desarrollo de los trabajos es necesario:

- Proteger los huecos con barandillas de seguridad.
- Redes verticales u horizontales donde exista riesgo de caída a distinto nivel.
- Usar siempre andamios normalizados.
- Trabajos a distinto nivel acotados y señalizados.
- Plataforma exterior metálica y barandilla de seguridad.
- Plataforma de carga y descarga de material.

- Barandillas de delimitación de borde.
- Rutas interiores de circulación de personal protegidas y señalizadas.
- Señales de peligro en zonas de riesgo de caída.
- Delimitación de los trabajos con vallas de protección.
- Habilitar caminos de acceso a cada trabajo.
- Plataforma de paso con barandilla en bordes.
- Barandillas de 0,9 m, listón intermedio y rodapié.

Recuerde

La acción conjunta de protecciones individuales y colectivas ha de garantizar la seguridad exigible para los trabajos a desarrollar.

Aplicación práctica

Un operario se encuentra vibrando el hormigón que se está vertiendo en un forjado situado en la 5.ª planta de un edificio en construcción. ¿Qué protecciones individuales deberá utilizar como mínimo para realizar este trabajo?

SOLUCIÓN

Como protecciones básicas deberá utilizar como mínimo:

- Casco homologado y certificado.
- Mono apropiado de trabajo.
- Calzado reforzado con puntera.
- Guantes apropiados.
- Gafas protectoras de seguridad.
- Cinturón de seguridad anclado a punto firme.

Independientemente de la obligación de utilizar otras medidas adicionales que indiquen los planes de seguridad o la organización propia de la obra.

7. Riesgos laborales y ambientales; medidas de prevención

Se analizan en este apartado los riesgos laborales y ambientales que pueden afectar a los trabajos habituales de elaboración de morteros, pastas, adhesivos y hormigones, independientemente de los riesgos específicos que en cada obra puedan existir en función de sus características y entorno.

Entre los riesgos que podemos encontrar al realizar estos trabajos se puede destacar:

- Caídas de operarios en el mismo o a distinto nivel.
- Caída de material.
- Afecciones en mucosas y oculares.
- Electrocuciones a causa de problemas con la maquinaria utilizada.
- Fallo de las herramientas.
- Lesiones en la piel. Dermatosis.
- Sobreesfuerzos. Lesiones musculares.
- Salpicaduras del conglomerado en ojos.
- Riesgos por contacto con hormigón.
- Golpes en extremidades.
- Atrapamientos y aplastamientos.
- Los derivados del uso de medios auxiliares como borriquetas, escaleras, andamios, etc.
- Cortes por utilización de máquinas o herramientas.
- Incendios causados por las máquinas o por su instalación eléctrica.

A fin de minimizar o anular los efectos de estos riesgos, es necesario seguir unas medidas básicas de seguridad y prevención, que se pueden resumir en los siguientes puntos:

- Los operarios deberán usar en todo momento los medios de protección individual necesarios para cada tarea.
- Suspender los trabajos en condiciones climatológicas desfavorables.
- Riguroso control de mantenimiento mecánico de herramientas.
- Vallado y saneo de bordes con riesgo de caída.
- Limpieza y orden en el trabajo.
- Zonas de trabajo libres de obstáculos.

- Personal cualificado y responsable para cada trabajo.
- Establecer medios auxiliares adecuados al sistema.
- Delimitar áreas para acopio de material con límites en el apilamiento y calzos de madera. Estas áreas deberán estar limpias y secas.
- Local debidamente iluminado y señalado. La iluminación portátil de la zona de trabajo será estanca.
- Los recipientes que contengan productos tóxicos o inflamables deben estar herméticamente cerrados.
- No apilar materiales en zonas de tránsito, retirando los objetos que impidan el paso.
- Protección mediante barandilla resistente con rodapié donde exista riesgo de caída a distinto nivel.
- Todas las maquinarias y herramientas eléctricas a utilizar estarán conectadas a tierra y con conductores aislados.
- Se debe desenchufar las máquinas que no se estén utilizando.
- Herramientas cogidas con mosquetón o bolsas porta-herramientas.
- No se deberá permanecer en el radio de acción de las máquinas.
- Todas las máquinas y herramientas deben permanecer en todo momento con sus protecciones y elementos de seguridad colocados correctamente a fin de evitar riesgos por atrapamiento o electrocución.
- Evitar humedades perniciosas permanentes.
- El transporte elevado de material hasta el lugar de elaboración se realizará con eslingas de 2 brazos y grilletes para evitar que se desprendan durante el traslado.
- Los movimientos en altura de cubetas o contenedores de transporte de hormigón o mortero serán dirigidos y señalados por otro operario.
- La producción de morteros, pastas y hormigones se debe ubicar en una zona de la obra sobre la que no circulen cargas suspendidas que puedan provocar un desprendimiento sobre los operarios que en ella se encuentran.
- Los desperdicios y sobras de material se deben recoger acopiándose en el lugar determinado y delimitado al efecto, en la zona de gestión de residuos, para su posterior carga y transporte a reciclaje o vertedero.
- No se debe cargar la cubeta o contenedor de transporte por encima de la carga máxima admisible de la grúa o elevador que lo sustenta.
- Es muy importante cumplir las exigencias del fabricante o proveedor del material que se está usando.

- Se trabajará siempre por debajo de la altura del hombro para evitar así los riesgos de las lesiones en los ojos.
- La introducción de materiales en las plantas con la ayuda de grúa o montacargas se realizará por medio de plataformas voladas.
- No se deberá trabajar junto a los paramentos recién levantados antes de transcurridas 48 h. Si existe un régimen de vientos fuertes incidiendo sobre ellos, pueden derrumbarse sobre el personal.
- Se debe revisar diariamente los medios auxiliares y elementos de seguridad.
- No se podrá amasar mortero encima de andamios.
- El transporte de sacos de aglomerantes o de áridos se debe realizar preferentemente sobre carretilla de mano, para evitar sobreesfuerzos.
- Los acopios de sacos se dispondrán de forma que no obstaculicen los lugares de paso, para evitar los accidentes por tropiezo.

Nota

Las medidas específicas de prevención y seguridad, adaptadas a cada obra, vendrán recogidas en el correspondiente Plan de Seguridad y Salud, siendo este un documento obligatorio para obras de construcción en las que sea preceptiva la redacción de un proyecto de ejecución previo.

8. Materiales, técnicas y equipos innovadores de reciente implantación

Un material de uso no muy extendido hasta la fecha es el hormigón armado con fibras. Es un hormigón al que, además de sus componentes habituales, se le añade una serie de fibras discontinuas que mejoran su resistencia a la flexión y tracción. Igualmente con el uso de fibras se reduce la fisuración superficial del hormigón.

Para que la adición de fibra tenga efecto es necesario que exista adherencia interna entre el hormigón y las fibras. Con su utilización se consigue que las fibras soporten un porcentaje de las tensiones que se generan por las cargas soportadas.

La adición de fibras en el hormigón supone la mejora de una serie de características como son:

- Permiten controlar la aparición de fisuras superficiales.
- Mejoran la tenacidad del hormigón.
- Al reducir la fisuración mejoran el comportamiento ante la abrasión.
- Al mermar la aparición de fisuras, se crea un hormigón menos permeable al agua, con la consiguiente reducción de los riesgos de corrosión de las armaduras.
- Aumenta la resistencia ante esfuerzos del hormigón tradicional, que cuenta con escasas prestaciones como tracción, cortante o flexión, generando un incremento de la capacidad resistente.
- Se consigue mejorar su capacidad para absorber la energía ante impactos.
- Homogeneiza el material igualando su rendimiento en todas direcciones.
- Posibilita reducciones de material ya que se pueden disminuir las dimensiones de las piezas ofreciendo las mismas prestaciones.

Tenacidad
Es la propiedad de absorción de energía de un material.

Como inconveniente se puede citar que la inclusión de fibras en la dosificación disminuye la trabajabilidad del hormigón fresco.

Existe mucha variedad en los tipos de fibras utilizadas, así como en su grosor, tamaño y forma. Las fibras más utilizadas son:

Fibras de alambre de acero	Diámetros entre 0,25 y 1,1 mm. Longitud entre 10 y 75 mm. Pueden ser de forma recta, corrugada u ondulada.
Fibras de polipropileno	Longitud entre 20 y 60 mm. Longitud óptima se estima en 3 veces el tamaño máximo del árido.
Fibra de vidrio	Su utilización más usual es en el hormigonado de elementos prefabricados.

9. Resumen

La elaboración de los morteros y pastas puede ser de forma manual o mecánica.

De forma mecánica se realiza en hormigonera cuando se trata de fabricación de mortero de cemento. Cuando se fabrican pastas de yeso, se suele realizar en una mezcladora-amasadora accionada mediante un motor.

El soporte sobre el que se va a colocar el mortero o pasta debe humedecerse previamente para evitar que absorba el agua de amasado y que el proceso de fraguado no se desarrolle correctamente.

Es importante no añadir agua para mejorar la docilidad de los morteros y hormigones una vez ha comenzado el proceso de endurecimiento ya que se modifica la relación agua/cemento influyendo negativamente en las propiedades de resistencia y durabilidad.

En el amasado del hormigón se debe garantizar que se crea una mezcla homogénea, sin grumos, con la consistencia deseada. Si se le aporta aditivos al hormigón se deben incorporar a la masa durante el proceso de amasado.

En la puesta en obra del hormigón es importante no provocar la segregación de sus componentes.

En el caso de adhesivos y materiales de rejuntado, el producto se recibe ya dosificado, preparado para mezclar en caso de que sea multicomponente, y listo para añadirle el agua y amasarlo.

Para la elaboración del hormigón y morteros de forma mecánica existen dos tipos de hormigoneras: hormigoneras de cubilote y hormigoneras continuas.

Dependiendo de la envergadura de la obra, el transporte interior del hormigón se realiza mediante carretillas y dumper o volquete autopropulsado.

La puesta en obra del hormigón, una vez transportado a pie del lugar de vertido, se puede realizar mediante cubeta de descarga inferior si se dispone de grúa en la obra o mediante bombeado con autobomba.

Para el mezclado de los componentes de los adhesivos se utilizan las mezcladoras o amasadoras mecánicas.

Ejercicios de repaso y autoevaluación

1. ¿En qué consiste el proceso de humectación de las piezas sobre las que se va a colocar el mortero?

____

____

____

____

2. Complete las siguientes cuestiones sobre el proceso de elaboración del hormigón:

Con el proceso de____________se realiza la mezcla de todos los componentes del hormigón, y se garantiza que el conglomerante se reparta_________________en toda la superficie de las partículas de árido.

Durante la puesta en obra del hormigón, con la operación de______________se disminuye el______________________ contenido en el interior de la masa de hormigón.

El proceso de_____________se basa en las operaciones que se realizan sobre el hormigón cuando comienza su_______________, a fin de eliminar las tensiones interiores que sufre durante este proceso.

3. Cuando los soportes del adhesivo tienen poca absorción, ¿qué puede ocurrir?

a. Que se produzca un efecto rápido del endurecimiento.
b. Que se incremente el tiempo de secado.
c. Que se aumente la calidad del anclaje mecánico.
d. Que no posea adherencia ninguna.

4. Indique cuál de las siguientes cuestiones relacionadas con el rejuntado son verdaderas, y cuáles falsas.

a. Se ha de tener en cuenta que no se debe comenzar la operación de rejuntado antes de que se produzca el total endurecimiento del adhesivo utilizado para la colocación de las baldosas.

- ☐ Verdadero
- ☐ Falso

b. Existen materiales de rejuntado con cemento en su composición, mezclado con otros componentes o aditivos que mejoran sus características iniciales, como la resistencia a los hongos.

- ☐ Verdadero
- ☐ Falso

c. Existe otro grupo de materiales para rejuntado formado por resinas de reacción, como los epoxídicos, que también incluyen cemento en su composición.

- ☐ Verdadero
- ☐ Falso

5. Realice una tabla con los tipos de hormigoneras que conoce.

Bibliografía

Monografías

- ALVAREZ Cabrera, J. L.: *Morteros para la construcción: materiales, ensayos, dosificaciones y resultados.* [s. l.]: Independently published, 2024.
- OÑORO, J.: *Tecnología de materiales, Teoría y práctica.* [s. l.]: Bellisco Ediciones, 2023.
- PUERTAS Maroto, F.: *¿Qué sabemos de? Cementos y hormigones.* [s. l.]: Los libros de la catarata, 2024.
- ELMSELLEM, H.: *Materiales de construcción: Guía de materiales de construcción.* [s. l.]: Ediciones nuestro conocimiento, 2024.